高职高专国家骨干院校
重点建设专业(机械类)核心课程"十二五"规划教材

数控铣削加工
工艺与编程操作

主　编　鱼　花　周育辉

副主编　周　伟　刘春雷　郭检平

参　编　孙桂爱

主　审　刘海星

合肥工业大学出版社

内容提要

本书按照"项目导向、任务驱动、理实一体、突出特色"的原则,以岗位分析为基础,以课程标准为依据编写而成。全书共分为 5 个模块,主要内容包括:数控铣床编程基础知识、数控铣床加工工艺及刀具系统、数控铣削编程与加工、数控铣床操作与加工、数控铣削自动编程等。

本书可作为高职高专数控技术和模具设计与制造及其相关专业的教材,也可作为相关工程技术人员的参考用书。

图书在版编目(CIP)数据

数控铣削加工工艺与编程操作/鱼花,周育辉主编 .—合肥:合肥工业大学出版社,2012.11

ISBN 978-7-5650-0979-2

Ⅰ.①数… Ⅱ.①鱼…②周… Ⅲ.①数控机床—铣削—高等职业教育—教材
Ⅳ.①TG547

中国版本图书馆 CIP 数据核字(2012)第 262250 号

数控铣削加工工艺与编程操作

鱼 花 周育辉 主编   责任编辑 马成勋

出 版	合肥工业大学出版社	版 次	2012 年 11 月第 1 版
地 址	合肥市屯溪路 193 号	印 次	2012 年 11 月第 1 次印刷
邮 编	230009	开 本	787 毫米×1092 毫米 1/16
电 话	总 编 室:0551—2903038	印 张	8.5
	市场营销部:0551—2903198	字 数	196 千字
网 址	www.hfutpress.com.cn	印 刷	安徽江淮印务有限责任公司
E-mail	hfutpress@163.com	发 行	全国新华书店

ISBN 978-7-5650-0979-2   定价:18.00 元

前　言

数控铣床是功能较全的数控加工机床。它将铣削、镗削、钻削、攻螺纹等功能集中在一台设备上，使其具有多种工艺手段，特别适合于加工普通铣床无法铣削的复杂型面零件。随着国内数控铣床与加工中心使用量的剧增，急需一大批熟练掌握数控铣床与加工中心编程、操作和维护的应用型高级技术人才。当前市场上也有许多关于数控加工方面的书籍，但系统而全面地介绍数控铣削加工的书甚少。

本书是为了满足当前迫切需要，根据教育部数控技术应用专业领域技能型紧缺人才培养方案的指导思想以及数控铣工国家技能鉴定标准编写的。

全书共分为5个模块，主要介绍了数控铣床编程基础知识、数控铣削加工工艺及刀具系统、数控铣削编程与加工、数控铣床操作与加工及数控铣削自动编程等内容。书中精选的大量典型实例均来源于生产实践和教学实践，便于读者实习借鉴。教材每个模块后面都有思考和练习题，便于读者巩固所学知识。

本书可作为高职、中职，数控类、机械类、机电类等专业教材，也可作为数控技术应用专业领域技能型培训教材以及从事数控加工技术人员的参考用书。

全书由江西工业工程职业技术学院鱼花老师、江西生物科技职业学院周育辉老师担任主编，江西工业贸易职业技术学院周伟，江西工业工程职业技术学院刘春雷、郭检平两位老师担任副主编，江西工业工程职业技术学院孙桂爱老师参与编写。江西工业工程职业技术学院刘海星教授担任主审。其中模块一由鱼花老师编写，模块二由周育辉老师，模块三由周伟老师编写，模块四由刘春雷老师编写，模块五由郭检平老师编写。全书由鱼花老师统稿。

由于编者水平有限，加上时间比较仓促，疏漏之处在所难免，恳请广大读者批评指正。

编　者

2012 年 11 月

目　　录

模块一　数控铣床编程基础知识 ………………………………………………………… (1)

　　任务一　了解数控铣床基础知识 ………………………………………………… (1)

　　任务二　了解数控铣床的主要功能及主要规格参数 ………………………… (10)

模块二　数控铣削加工工艺及刀具系统 ……………………………………………… (13)

　　任务一　数控铣削加工工艺基础知识 ………………………………………… (13)

　　任务二　数控铣削加工工序的划分与设计 …………………………………… (22)

　　任务三　数控铣削加工的定位与装夹 ………………………………………… (25)

　　任务四　数控铣削加工刀具系统 ……………………………………………… (29)

模块三　数控铣削编程与加工 ………………………………………………………… (46)

　　任务一　数控机床坐标系 ……………………………………………………… (46)

　　任务二　数控铣床编程中的相关坐标系指令 ………………………………… (49)

　　任务三　数控铣床编程中的坐标轴运动指令 ………………………………… (49)

　　任务四　数控铣床编程中的刀具补偿指令 …………………………………… (53)

　　任务五　数控铣床编程中的孔加工固定循环指令 …………………………… (59)

　　任务六　数控铣床编程中子程序的运用 ……………………………………… (65)

　　任务七　数控铣床编程中的图形转换指令及其他指令 ……………………… (78)

模块四　数控铣床操作与加工 ………………………………………………………… (82)

　　任务一　华中世纪星 HNC−21M 数控铣床的操作 ………………………… (94)

模块五　数控铣削自动编程 …………………………………………………………… (116)

　　任务一　UG 软件介绍及应用 ………………………………………………… (116)

　　任务二　MasterCAM 软件介绍 ……………………………………………… (124)

模块一　数控铣床编程基础知识

【知识目标】

熟悉数控铣床的结构及其特点;了解数控铣床的分类;熟悉数控铣床的组成和工作原理;数控铣床的主要功能;数控铣床的主要规格参数;熟练掌握数控铣床坐标系及编程方法。

【能力目标】

能够正确描述数控铣床的组成及特点;能够用正确的方法对数控铣床进行分类。

任务一　了解数控铣床基础知识

【学习目标】

本次任务是通过学习数控铣床的基础知识,掌握数控铣床的组成及工作原理;掌握其各部分的主要功能。

【工作任务】

了解数控机床的分类、组成及其工作原理。

【相关知识】

一、数控机床的产生与发展

数控技术是制造业实现自动化、柔性化、集成化生产的基础。数控技术水平高低和数控设备的拥有量,是体现一个国家综合国力水平、衡量工业现代化程度的重要标志之一。

1. 数控机床的产生

随着科学技术的迅速发展,人们对机械加工的精度要求越来越高。机械加工工艺过程的自动化成为实现上述要求的重要措施之一。它不仅能够提高产品质量及生产率,降低生产成本,还能够极大地改善工人的劳动条件,减轻劳动强度。制造业广泛采用了自动机床、组合机床和以专用机床为主体的自动化生产线,采用多刀、多工位和多面同时加工等方式,进行着单一产品零件的高效率和高度自动化的生产。但这种生产方式需要巨大的初期投入和很长的生产准备周期。因此,它仅适用于批量较大的零件生产。数控机床的工作过程是将加工零件的几何信息和工艺信息进行数字化处理,即对所有的操作步骤(如机床的启动或停止、主轴的变速、工件的夹紧或松夹、刀具的选择和交换、切削液的开或关等)和刀具与工件之间的相对位移以及进给速度等都用数字化的代码表示。在加工前由编程人员按规定的代码将零件的图纸编制成程序,然后通过程序载体(如穿孔带、磁带、磁盘、光盘和半导体存储器等)或手工直接输入(MDI)方式将数字信息送入数控系统的计算机中进行寄存、运算和处理,最后通过驱动电路由伺服装置控制机床实现自动加工。数控机床最大的特点是当改变加工零件时,一般只需要向数控系统输入新的加工程序,而不需要对机床进行人工的调整和直接参与操作,就可以自动地完成整个加工过程。

数控机床的研制最早是从美国开始的。20 世纪 40 年代世界上首台数字电子计算机的诞生,使数控机床的出现成为可能。1948 年美国帕森斯公司(Parsons Co.)在研制加工直升机叶片轮廓检验样板的机床时,首先提出了用电子计算机控制机床加工复杂曲线样板的新理念。该公司受美国空军的委托与麻省理工学院(MIT)伺服机构研究所进行合作研制,在 1952 年研制成功了世界上第一台运用电子计算机控制的三坐标立式数控铣床。研制过程中采用了自动控制、伺服驱动、精密切量和新型机械结构等方面的技术。后来又经过改进,于 1955 年实现了产业化,并批量投放市场,但由于技术上和价格上的原因,还只局限在航空工业中应用。数控机床的诞生,对复杂曲线、型面的加工起到了非常重要的作用,同时也推动了美国航空工业和军事工业的发展。

2. 数控机床的发展

随着信息技术在全球的迅猛发展,社会各行各业都发生了很大的变化,尤其在加工制造业出现了喜人的局面,新的机械产品层出不穷,新的加工技术不断更新,作为主要加工工具的数控机床也得到了很快的发展,目前国内外主流数控系统,如:FANUC、SINU-MERIK、SuperMan 和经济型数控系统等都得到了空前的发展。

二、数控机床的组成及特点

数控机床是一种利用信息处理技术进行自动加工的机床。熟悉数控机床的组成,不仅要掌握数控机床的工作原理,同时还要掌握数控技术在其他行业中的应用,了解数控机床的加工特点。

1. 数控机床的组成

现代数控机床,即 CNC 机床,是有普通机床、硬线数控机床发展演变而来的,它采用计算机数字控制方式,用单独的伺服电机驱动实现各个坐标方向的运动。如图 1-1 所示,CNC 机床由信息输入、数控装置、伺服驱动及检测装置、机床本体和机电接口等五大部分组成。

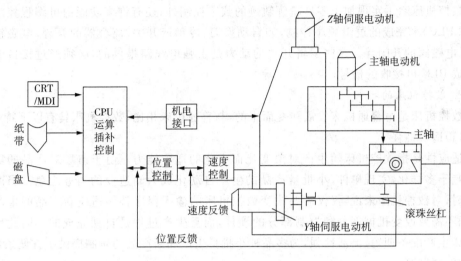

图 1-1　数控机床的组成

（1）信息输入

信息输入是将加工零件的程序和各种参数数据通过输入设备送到数控装置。输入方式有穿孔纸带、磁盘、键盘（MDI）和手摇脉冲发生器等。目前较多采用磁盘输入，纸带是一种比较传统的输入方式，也可以通过上位机通信接口输入。

（2）数控装置

数控装置是一种专用计算机，一般由中央处理器（CPU）、存储器、总线和输入/输出接口等构成。为了完成各种形状的零件加工，该装置必须具备多种功能，如多轴联动、多坐标控制功能、多种函数插补功能、刀具补偿功能、故障诊断功能、通信和联网功能等。数控装置是整个数控机床数控系统的核心，决定了机床数控系统功能的强弱。

（3）伺服驱动及检测装置

伺服驱动及检测反馈是数控机床的关键部分，将会影响数控机床的动态特性和轮廓加工精度。伺服驱动部分接收计算机运算处理后传输来的信号，经过调节、转换、放大以后去驱动伺服电动机，带动机床的执行部件运动，并且随时检测伺服电动机或工作台的实际运动情况，进行严格的速度和位置反馈控制。在伺服系统中包括安装在伺服电动机上的速度、位置检测元件及相应电路，该部分能及时将信息反馈回来，构成闭环控制。

（4）机床本体

机床本体包括机床的主运动部件、进给运动部件、执行部件和底座、立柱、刀架和工作台等基础部件。数控机床是一种高精度、高效率和高度自动化机床，要求机床的机械结构应具有较高的精度和刚度，精度保持性要好，主运动、进给运动部件运动精度要高。机床的进给传动系统一般均采用精密滚珠丝杠、精密滚动导轨副和摩擦特性良好的滑动（贴塑）导轨副，以保证进给系统的灵敏和精确。可以说高精度、高刚度的机床本体结构是保证数控机床高效、高精度、高度自动化加工的基础。

（5）机电接口

数控机床除了实现加工零件轮廓轨迹的数字控制外,还有许多功能由可编程控制器(简称 PLC)来完成的逻辑顺序控制,如自动换刀、冷却液开关、离合器的开合、电磁铁的通断、电磁阀的开闭等。这些逻辑开关的动力是由强电线路提供的,必须经过接口电路转换成 PLC 可接收的信号。

2. 数控机床的特点

数控机床是由普通机床发展演变而来的,与普通机床相比,数控机床具有以下特点。

（1）适应性强

适应性是指数控机床随生产对象变化而变化的适应能力。由于市场对产品的需求逐渐趋于多样化,实现单件、小批量产品的生产自动化成为制造业的当务之急。当产品改变时,对数控机床来说,仅仅需要改变数控机床的输入程序就能适应新产品的生产需要,而不需要改变机械部分和控制部分的硬件,而且生产过程是自动完成的。因此用数控机床生产准备期短、灵活性强,为多品种小批量生产和新产品的研制提供了方便条件。

（2）精度高

数控机床是按照预定程序自动工作的,工作过程一般不需要人工干预,这就消除了操作者人为因素产生的误差。在设计制造设备时,通常采取了许多措施,使数控机床达到较高的精度。数控装置的脉冲当量目前可达 $0.01 \sim 0.0001\mathrm{Im}$,同时还可以通过实时检测误差修正或补偿来获得更高的精度。

（3）效率高

由于数控机床可采用较大的切削量,有效地减少了加工中的切削工时;数控机床还具有自动换速、自动换刀和其他辅助操作自动化等功能,并且无需工序间的检验与测量,使辅助时间大为缩短;对于多功能的加工中心,在一次装夹后几乎可以完成零件的全部加工,这样不仅可减少装夹误差,还可减少半成品的周转时间。因此,与普通机床相比,数控机床生产效率要高出许多倍。对于复杂型面的加工,生产效率可提高几倍,甚至几十倍。

（4）减轻劳动强度、改善劳动条件

利用数控机床进行加工,只要按图纸要求编制零件的加工程序单,然后输入并调试程序,安装坯件进行加工,监督加工过程并装卸零件。这样可大大减轻操作者的劳动强度和紧张程度,减少了人员需求,劳动条件也可得到相应的改善。

（5）有利于生产管理的现代化

用数控机床加工零件,能准确地计算产品生产的工时,并有效地简化检验、工夹具和半成品的管理工作;采用数控信息的标准代码输入,这样便于与计算机连接,构成由计算机控制和管理的生产系统,实现制造和生产管理的现代化。与硬线 NC 机床相比,CNC机床具有以下特点。

① 柔性好

硬线 NC 机床的控制功能是靠硬件电路来实现的。若要改变系统的加工控制功能,必须重新布线。CNC 机床可以通过软件的编制灵活地改变或增加数控系统的功能,具有较大的灵活性。

② 功能强

CNC 机床利用了计算机的高度计算处理能力,实现许多复杂的数控功能,如二次曲线插补运算、多轴联动、固定循环加工、坐标偏移、图形显示、刀具补偿等,使刀具在三维空间中能实现任意轨迹,完成复杂形面的加工过程。硬线 NC 装置只能进行简单的直线、圆弧插补计算,完成直线、圆弧的加工。

③ 通用性好

CNC 机床可以编制不同的软件来满足各种机床的不同加工要求,可以用同一种 CNC 装置满足多种数控机床的要求,体现出了较强的通用性。而硬线 NC 机床的功能和种类不同,NC 装置就不同,不能通用。

④ 可靠性高

硬线 NC 机床的零件程序是在加工过程中分段读入:分段加工的,频繁启动光电阅读机有可能产生故障,引起零件程序错误,这是硬线 NC 装置可靠性不高的主要原因。CNC 机床可使用磁带、软盘等输入装置,将零件加工程序一次输入到存储器,避免了在加工过程中频繁开启光电阅读机造成的差错,提高了可靠性。CNC 机床还易于设立各种诊断程序,能进行故障预检和自动查找,便于维修和减少停机时间。

⑤ 易于实现机电一体化

CNC 机床采用大规模集成电路和先进的印刷排版技术,采用数块印刷电路板即可构成整个控制系统,使其硬件结构尺寸大大缩小,可以与机床结合在一起,减少占地面积,实现机电一体化。

三、数控机床的分类

随着数控技术的发展,数控机床出现了许多分类方法,通常按以下三个方面进行分类。

1. 按工艺用途分类

按工艺用途分类,最常用的数控机床分为数控钻床、数控车床、数控铣床、数控镗床、数控磨床、数控齿轮加工机床、数控雕刻机等金属切削类机床。尽管这些机床在加工工艺方面存在着很大差异,具体的控制方式也各不相同,但它们都适用于单件、小批量和多品种的零件加工,具有很好的加工尺寸的一致性、很高的生产率和自动化程度。除了金属切削加工的数控机床外,数控技术也被大量用于冲床、压力机、弯管机、折弯机、线切割机床、焊接机、火焰切割机、等离子切割机、激光切割机和高压水切割机等非金属切削机床。

近年来,在非加工设备中也大量采用数控技术,其中最常见的有自动装配机、多坐标测量机、自动绘图机、数控印染机、快速成型机和工业机器人等。由于企业对加工精度和生产率提出了更高的要求,工艺集中的原则正在被采纳,出现了各种类型的加工中心机床。加工中心不但具有一般数控机床的所有功能,而且还带有刀库和自动换刀装置,打破了在一台数控机床上只能完成一两种工艺的传统概念。以铣削加工中心为例,在数控铣床上增加了一个较大容量的刀库(一般可容纳 20～120 把各类刀具)和自动换刀装置,工件在一次装夹后,可以对零件的大部分加工表面进行铣削、镗削、钻孔、扩孔、铰孔和攻丝等多工艺加工。近年来出现的五面体加工中心机床,在一次装夹中可以完成除安装面以外的箱体类所有表面的加工。车削加工中心也得到了广泛应用,它可以在一次装夹中完成回转体零件的所有加工工序(包括车削内外表面、铣平面、铣槽、钻孔和攻丝等工序)。加工中心机床可以有效地避免由于多次装夹造成的定位误差,而且减少了机床的台数和占地面积,极大地提高了生产率和加工自动化程度。按工艺用途进行分类的方法可以为不断开发数控机床的新产品发挥重要的指导作用。

2. 按运动方式分类

按运动方式的不同,常将数控机床分为点位控制数控机床、二维轮廓控制数控机床和三维轮廓控制数控机床。

(1)点位控制(Position Contr01)数控机床

点位控制数控机床的特点是机床的运动部件只能够实现从一个位置到另一个位置的精确定位,在运动和定位过程中不进行任何加工工序。数控系统只需要控制行程的起点和终点的坐标值,而不控制运动部件的运动轨迹,因为运动轨迹不影响最终的定位精度。因而,点位控制的几个坐标轴之间的运动不需要保持任何的联系。为了尽可能减少运动部件的运动和定位时间,并保证稳定的定位精度,通常先以快速运动至接近终点坐标,然后再

以低速准确运动到终点位置。最典型的点位控制数控机床有数控钻床、数控坐标镗床、数控点焊机和数控弯管机等。使用数控钻镗床加工零件可以节省大量钻模板的费用,并能达到较高的孔距精度。如图 1-2 所示是点位控制数控钻床加工图。

(2)二维轮廓控制(2D Contour Contr01)数控机床

二维轮廓控制的特点是机床的运动部件不仅要实现一个坐标位置到另一个坐标位置的精确移动和定位,而且能实现平行于坐标轴的直线进给运动或控制两个坐标轴的斜线进给运动。在数控镗床上使用二维轮廓控制可以扩大镗床的工艺范围,能够在一次安装中对棱柱形工件的平面与台阶进行铣削加工,然后再进行点位控制的钻孔、镗孔等加工,有效地提高了加工精度和生产率。二维轮廓控制还可以应用于加工阶梯轴或盘类零件的数控车床。如图 1-3 所示是二维轮廓控制数控机床的加工图。

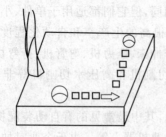
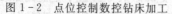
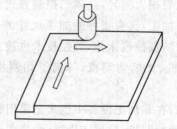

图 1-2　点位控制数控钻床加工　　　　图 1-3　二维轮廓控制数控机床加工

(3)三维轮廓控制(3D Contour Contr01)数控机床

三维轮廓控制(又称连续控制)数控机床的特点是机床的运动部件能够实现两个或两个以上的坐标轴同时进行联动控制。它不仅要求控制机床运动部件的起点与终点坐

标位置,而且还要求控制整个加工过程每一点的速度和位移量,即要求控制运动轨迹,将能够加工在平面内的直线、曲线表面或在空间的曲面。三维轮廓控制要比二维轮廓控制更为复杂,需要在加工过程中不断进行多坐标轴之间的插补运算,实现相应的速度和位移控制。

三维轮廓控制包含了实现点位控制和二维轮廓控制。数控铣床、数控车床、数控磨床和各类数控切割机床是典型的三维轮廓控制数控机床,它们取代了所有类型的仿形加工,提高了加工精度和生产率,并极大地缩短了生产准备时间。

近年来,随着计算机技术的发展,软件功能不断完善,可以通过计算机插补软件实现多坐标联动的三维轮廓控制。如图 1-4 所示是三维轮廓控制数控机床的加工图。

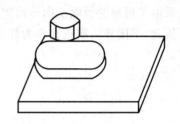

图 1-4　三维轮廓控制数控机床加工

3.按控制方式分类

按控制方式的特点可以将数控机床分为开环控制系统、半闭环控制系统和闭环控制系统等 3 种数控机床。

(1)开环控制系统(Opened Loop Control System)

开环控制系统是指不带位置反馈装置的控制方式。由功率型步进电动机作为驱动元件的控制系统是典型的开环控制系统。数控装置根据所要求的运动速度和位移量,向环形分配器和功率放大电路输出一定频率和数量的脉冲,不断改变步进电动机各相绕组的供电状态,使相应坐标轴的步进电动机转过相应的角位移,再经过机械传动链,实现运动部件的直线移动或转动。运动部件的速度与位移量是由输入脉冲的频率和脉冲数所决定的。开环控制系统具有结构简单和价格低廉等优点。但通常输出转矩值的大小会受到限制,而且当输入较高的脉冲频率时,容易产生失步,难以实现运动部件的快速控制。目前,开环控制系统已不能充分满足数控机床日益提高的对控制功率、快速运动速度和加工精度的要求。但近年来步进电动机在低转矩、高精度、速度中等的小型设备的驱动控制中还是得到了广泛的应用,特别是在微电子生产设备中充分发挥了独特优势。如图 1-5 所示是开环控制系统图。

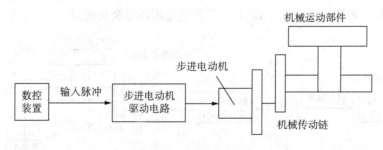

图 1-5　开环控制系统

(2)半闭环控制系统(Semi—closed Loop Control System)

半闭环控制系统是在开环控制伺服电动机轴上装有角位移检测装置,通过检测伺服电动机的转角间接地检测出运动部件的位移(或角位移)反馈给数控装置的比较器,与输入指令进行比较,用其差值控制运动部件。随着脉冲编码器的迅速发展和性能的不断完善,作为角位移检测装置能方便地直接与直流或交流伺服电动机同轴安装。而高分辨率的脉冲编码器的诞生,为半闭环控制系统提供了一种高性价比的配置方案。由于惯性较大的机床运动部件不包括在闭环之内,控制系统的调试十分方便,并且有良好的系统稳定性,甚至可以将脉冲编码器与伺服电动机设计成一个整体,使系统变得更加紧凑。虽然半闭环控制将运动部件的机械传动链不包括在闭环之内,使机械传动链的误差无法得到校正或消除,但是目前广泛采用的滚珠丝杠螺母机构具有很好的精度和精度保持性,而且采取了可靠的消除反向运动间隙的结构,完全可以满足绝大多数数控机床用户的需要。因此,半闭环控制正在作为首选的控制方式被广泛地采用。图1-6为半闭环控制系统图。

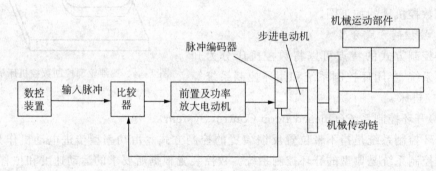

图1-6 半闭环控制系统

(3)闭环控制系统(Closed Loop Control System)

闭环控制系统是在机床最终的运动部件的相应位置直接安装直线或回转式检测装置,将直接测量到的位移或角位移反馈到数控装置的比较器中与输入指令位移量进行比较,用差值控制运动部件,使运动部件严格按实际需要的位移量运动。闭环控制系统的运动精度主要取决于检测装置的精度,而与机械传动链的误差无关,其控制精度超过半闭环系统,为高精度数控机床提供了技术保障。但闭环控制系统除了价格较昂贵之外,对机床结构及传动链仍然提出了严格的要求,因为传动链的刚度、间隙、导轨的低速运动特性以及机床结构的抗振性等因素都会增加系统调试的难度,甚至使伺服系统产生振荡,降低了数控系统的稳定性。如图1-7所示是闭环控制系统图。

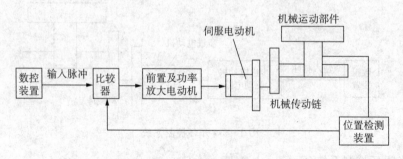

图1-7 闭环控制系统

除了以上三种基本分类方法外,目前还有按所用数控装置的构成方式来进行分类,分为硬件数控和计算机数控(又称软件数控);还有按控制坐标轴数与联动轴数进行分类,分为三轴二联动和四轴四联动等;还有按功能水平的高低进行分类,分为高档数控、中档数控和低档数控(又称经济型数控)等。

四、数控铣床的基本工作原理

数控铣床的基本工作原理如图1-8所示。在数控铣床上,根据被加工零件的图样、尺寸、材料及技术要求等内容进行工艺分析,如零件的加工顺序、走刀路线、切削用量等用专用的数控指令代码编制程序单(控制介质),通过面板键盘输入或磁盘读入等方法把加工程序输入到数控铣床的专用计算机(数控装置)中,数控装置将接收到的信号经过驱动电路控制和放大后,使伺服电机转动,通过齿轮副(或直接)经滚珠丝杠,驱动铣床工作台(x、、,轴)和。方向(头架滑板),再与选定的主轴转速相配合。对于半闭环和闭环的数控机床检测反馈装置可以把测得的信息反馈给数控装置让数控装置进行比较后再处理,最终完成整个零件的加工。加工结束,机床自动停止。

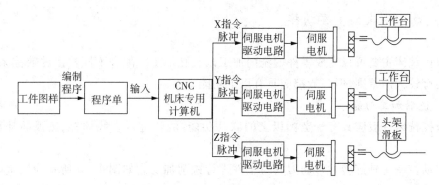

图1-8　数控铣床基本工作原理

五、数控机床的加工对象

根据数控机床加工的特点可以看出,最适合于数控加工的零件包括:
- 多品种、小批量生产的零件或新产品试制中的零件;
- 几何形状复杂的零件;
- 加工过程中必须进行多工序加工的零件;
- 用普通机床加工时,需要昂贵工装设备(工具、夹具和模具)的零件;
- 必须严格控制公差;
- 工艺设计需要多次改型的零件;
- 价格昂贵,加工中不允许报废的零件;
- 需要最短生产周期的零件。

综上可知,数控机床和普通机床都有各自的应用范围。

任务二　了解数控铣床的主要功能及主要规格参数

【学习目标】

通过学习掌握数控铣床的主要功能及主要规格参数,并能够灵活运用各种加工功能。

【工作任务】

掌握数控铣床的主要功能及主要规格参数。

【相关知识】

一、数控铣床的主要功能

数控铣床主要可以完成零件的铣削加工以及孔加工。配合不同档次的数控系统,其功能会有较大的差别,但一般都应具有以下功能。

1. 铣削加工功能

数控铣床一般应具有三坐标以上的联动功能,能够进行直线插补、圆弧插补和螺旋插补,

自动控制主轴旋转并带动刀具对工件进行铣削加工。如图 1-9 所示为三坐标联动的曲面铣削加工。联动轴数越多,对工件的装夹要求就越低,加工范围越大。如图 1-10 所示为叶片模型,利用五轴联动的数控铣床可以很方便的加工。

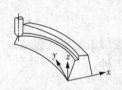

图 1-9　三坐标曲面加工

图 1-10　叶片模型

2. 孔及螺纹加工

在数控铣床上加工孔可以采用定尺寸的孔加工刀具如麻花钻、铰刀等进行钻、扩、铰、镗等加工,如图 1-7 所示,也可以采用铣刀铣削加工孔。

螺纹孔可以用丝锥进行攻螺纹,也可以采用螺纹铣刀如图 1-8 所示,铣削内螺纹和外螺纹,螺纹铣削主要利用数控铣床的螺旋插补功能,因为这种方法比传统的丝锥加工效率要高得多,正得到日益广泛的应用。

3. 刀具补偿功能

刀具补偿功能一般包括半径补偿功能和刀具长度补偿功能。利用刀具半径补偿功能可以在平面轮廓加工时解决刀具中心轨迹和零件轮廓之间的位置尺寸关系,使编程员只需根据零件轮廓编程而不必计算刀心轨迹,同时可以改变刀具半径补偿值实现零件的粗精加工,使相同的加工程序在使用时具有更大的灵活性。刀具长度补偿主要解决不同长度的刀具利用长度补偿程序实现设定位置与实际长度的协调问题。

4. 公制、英制转换功能

此项功能可以根据图纸的标注尺寸选择公制单位和英制单位编程,而不必进行单位换算,使程序编程更加方便。

5. 绝对坐标和增量坐标编程功能

在程序编制中,坐标数据可以用绝对坐标或者增量坐标,使数据的计算或程序的编写变得灵活。

6. 进给速度、主轴转速调节功能

在数控铣床的控制面板上一般都设有进给速度、主轴转速的倍率开关,用来在程序执行中根据加工状态和编程设定值随时调整实际的进给速度和主轴转速,以达到最佳的切削效果。

7. 固定循环功能

固定循环功能可以实现一些具有典型性的需多次重复加工的内容,如孔的相关加工、挖槽加工等。只要改变参数就可以适应不同尺寸的需要。

8. 工件坐标系设定功能

这项功能用来确定工件在工作台上的装夹位置,对于单工作台上一次加工多个零件非常方便,而且还可以对工件坐标系进行平移和旋转,以适应不同特征的工件。

9. 子程序功能

对于需要多次重复加工的内容,可以将其编成子程序,在主程序中调用,可以简化程序的编写。子程序可以嵌套,嵌套层数视不同的数控系统而定。

10. 通信及在线加工(DNC)功能

数控铣床一般通过 RS232 接 ISl 与外部 PC 实现数据的输入输出,如把加工程序传人数控铣床,或者把机床数据输出到 PC 备份。有些复杂零件的加工程序很长,超过了数控铣床的内存容量,可以利用传输软件进行边传输边加工的方式。

二、数控铣床的主要规格参数

数控铣床的种类规格较多,但其基本原理和操作方法基本相似。下面以 VM600 (XK714B)型数控铣床为例介绍其主要规格参数。

1. 主轴

主轴锥孔	BT 40♯ (7:24)
主轴转速	80~8000 r/min

2. 工作台

工作台面积(长×宽)	800mm×400mm

T形槽数及宽度	3×18mm
T形槽间距	100mm
工作台允许最大承重	5000N

3. 行程

工作台 x 向行程	600mm
工作台 y 向行程	410mm
工作台 z 向行程	510mm
主轴端面至工作台面距离	125～635mm
主轴中心至立柱导轨面距离	420mm
工作台中心至立柱导轨面距离	215～625mm

4. 进给速度

进给速度范围	1～5000mm/min
快速移动速度	15m/min

5. 精度

分辨力	0.001mm
定位精度 x、z 轴	0.04mm
定位精度 y 轴	0.03mm
重复定位精度	0.016mm

6. 控制系统

控制系统型号	XINUMERIK 802D (FANUC 0i－MC)
系统分辨力	0.001mm

7. 电机容量

主轴电机	7.5KW
进给电机 x、y、z 向	3.5KW
机床电源	380V 50Hz

8. 外形尺寸　　2500mm×2295mm×2550mm

9. 机床质量　　4500kg

练习与思考题

1. 数控铣床一般由哪几部分组成?

2. 简述数控铣床的工作原理。

3. 数控铣床有哪些功能?

模块二　数控铣削加工工艺及刀具系统

【知识目标】

了解数控铣床的加工对象;掌握数控铣削加工工艺的基本特点及加工工艺的主要内容;掌握走刀路线及切削用量的确定方法;掌握数控铣床典型刀具系统的种类及使用范围;熟悉模块化刀柄刀具;掌握工艺规程的制订和数控加工专用技术文件的编写。

【能力目标】

能够正确确定走刀路线;合理选择切削用量;能够准确的在数控铣床上定位和夹紧工件;能够正确选择定位基准,并且合理选择定位方式及定位元件;能够合理的选择和使用刀具;正确制作数控加工工序卡片和刀具卡片。

任务一　数控铣削加工工艺基础知识

【学习目标】

了解数控铣床加工的主要对象及加工工艺的基本特点;了解数控铣床加工工艺的主要内容;掌握走刀路线的确定方法及铣削用量的选择。

【工作任务】

正确选择数控铣床加工对象,并对所加工零件进行正确的工艺分析。合理选择切削用量。

【相关知识】

一、数控铣床加工工艺概述

数控铣床加工工艺是以普通铣床的加工工艺为基础,结合数控铣床的特点,综合运用方面的知识解决数控铣床加工过程中面临的工艺问题,其内容包括金属切削原理与刀、加工工艺、典型零件加工及工艺性分析等方面的基础知识和基本理论。本章在从工程实际操作的角度,介绍数控铣床加工工艺所涉及的基础知识和基本原则,以便于者在操作实训过程中科学、合理地设计加工工艺,充分发挥数控铣床的特点,实现数控工中的优质、高产、低耗。

1. 数控铣床加工的主要对象

数控铣削是机械加工中最常用和最主要的数控加工方法之一,它除了能铣削普通铣床所能铣削的各种零件表面外,还能铣削普通铣床不能铣削的需要 2～5 坐标联动的各种平面轮廓和立体轮廓。根据数控铣床的特点,从铣削加工角度考虑,适合数控铣削的主要加工对象有以下几类。

(1)平面类零件

加工面平行或垂直于水平面或与水平面的夹角为定角的零件为平面类零件(如图 2-1 所示)。目前在数控铣床上加工的大多数零件属于平面类零件,其特点是各个加工面是平面,或可以展开成平面。如图 2-1 所示中的曲线轮廓面 M 和正圆台面 Ⅳ,展开后均为平面。

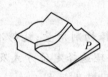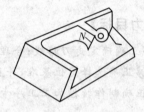

图 2-1 平面类零件

平面类零件是数控铣削加工中最简单的一类零件,一般只需用 3 坐标数控铣床的两坐标联动(两轴半坐标联动)就可以把它们加工出来。

(2)变斜角类零件

加工面与水平面的夹角呈连续变化的零件称为变斜角零件,如图 2-2 所示的飞机变斜角梁缘条。

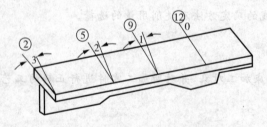

图 2-2 飞机上变斜角梁缘条

变斜角类零件的变斜角加工面不能展开为平面,但在加工中,加工面与铣刀圆周的瞬时接触为一条线。最好采用 4 坐标、5 坐标数控铣床摆角加工,若没有上述机床,也可采用 3 坐标数控铣床进行两轴半近似加工。

(3)曲面类零件

加工面为空间曲面的零件称为曲面类零件,如模具、叶片、螺旋桨等。曲面类零件加工面不能展开为平面。加工时,铣刀与加工面始终为点接触,一般采用球头刀在 3 轴数控铣床上加工。当曲面较复杂、通道较狭窄、会伤及相邻表面及需要刀具摆动时,要采用 4 坐标或 5 坐标数控铣床加工。

2. 数控铣床加工工艺的基本特点

工艺规程是工人在加工时的指导性文件。由于普通铣床受控于操作工人,因此,在普通铣床上用的工艺规程实际上只是一个工艺过程卡,铣床的切削用量、走刀路线、工序的工步等往往都是由操作工人自行选定。数控铣床加工的程序是数控铣床的指令性文件。数控铣床受控于程序指令,加工的全过程都是按程序指令自动进行的。因此,数控铣床加工程序与普通铣床工艺规程有较大差别,涉及的内容也较广。数控铣床加工程序不仅要包括零件的工艺过程,而且还要包括切削用量,走刀路线,刀具尺寸以及铣床的运动过程。因此,要求编程人员对数控铣床的性能、特点、运动方式、刀具系统、切削规范以及工件的装夹方法都要非常熟悉。工艺方案的好坏不仅会影响铣床效率的发挥,而且将直接影响到零件的加工质量。

3. 数控铣床加工工艺的主要内容

数控铣床加工工艺主要包括如下内容:

· 选择适合在数控铣床上加工的零件,确定工序内容。

· 分析被加工零件的图纸,明确加工内容及技术要求。

· 确定零件的加工方案,制定数控加工工艺路线。如划分工序顺序,处理与非数控加工工序的衔接等。

· 加工工序的设计,如选取零件的定位基准、夹具方案的确定、工步划分、刀具选择和确定切削用量等。

· 数控加工程序的调整,如选取对刀点和换刀点、确定刀具补偿及确定加工路线等。

二、数控铣削加工工艺分析

1. 加工部位及内容的选择

一般下列加工内容常采用数控铣削加工:

(1)工件上的曲线轮廓内、外形,特别是由数学表达式给出的非圆曲线与列表曲线等曲线轮廓。

(2)已给出数学模型的空间曲线。

(3)形状复杂、尺寸繁多、画线与检测困难的部位。

(4)用通用铣床加工时难以观察、测量和控制进给的内、外凹槽。

(5)以尺寸协调的高精度孔或面。

(6)能在一次安装中顺带铣出来的简单表面或形状。

(7)采用数控铣削能成倍提高生产率,大大减轻体力劳动的一般加工内容。

而下列加工内容不宜采用数控铣削:

(1)需要进行长时间占机人工调整的粗加工。

(2)必须按专用工装协调的加工(如标准样件、协调平板、模胎等)。

（3）毛坯上的加工余量不太充分或不太均匀的部位。

（4）简单的粗加工面。

（5）必须用细长铣刀加工的部位，一般指狭长深槽或高筋板小转接圆弧部位。

2．分析零件的尺寸标注

在分析零件图时，除了考虑尺寸数据是否遗漏或重复、尺寸标注是否模糊不清和尺寸是否封闭等因素外，还应该分析零件图的尺寸标注方法是否便于编程。无论是用绝对、增量、还是混合方式编程，都希望零件结构的形位尺寸从同一基准出发标注尺寸或直接给出坐标尺寸。这种标注方法不仅便于编程，而且便于保持设计、制造及检测基准与编程原点设置的一致性。从不同基准出发标注的尺寸，可以考虑通过编程时的坐标系变换的方法，或通过工艺尺寸链解算的方法变换为统一基准的工艺尺寸。

此外，还有一些封闭尺寸，如图 2-4 所示，为了同时保证 3 个孔间距的公差，不能直接按名义尺寸编程，必须通过尺寸链的计算，对原孔位尺寸进行适当的调整，以保证加工后的孔距尺寸符合公差要求。实际生产中有许多与此相类似的情况，编程时一定要引起注意。

3．分析加工的质量要求

检查零件加工结构的质量要求，如尺寸加工精度、形位公差及表面粗糙度在现有的加工条件下是否可以得到保证，是否还有更经济的加工方法或方案。虽然数控铣床的加工精度高，但对一些过薄的腹板和缘板零件应认真分析其结构特点。这类零件在实际加工中因较大切削力的作用容易使薄板产生弹性退让变形，从而影响到薄板的加工精度，同时也影响到薄板的表面粗糙度。当薄板的面积较大而厚度又小于 3mm 时，就应充分重视这一问题，并采取相应措施来保证其加工的精度。如在工艺上，减小每次进刀的切削深度或切削速度，从而减小切削力等方法来控制零件在加工过程中的变形，并利用 CNC 机床的循环编程功能减少编程工作量。

在用同一把铣刀、同一个刀具补偿值编程加工时，由于零件轮廓各处尺寸公差带不同（图 2-3），很难同时保证各处尺寸在尺寸公差范围内。这时一般采取的方法是：兼顾各处尺寸公差，在编程计算时，改变轮廓尺寸并移动公差带，改为对称公差。采用同一把铣刀和同一个刀具半径补偿值加工。图 2-4 中括号内的尺寸及其公差带均做了相应的修正，计算与编程时选用括号内的尺寸进行。

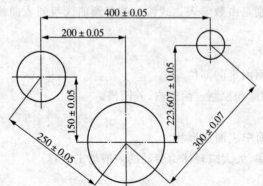

图 2-3　封闭尺寸零件的加工要求

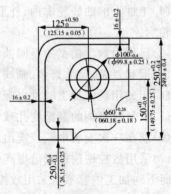

图 2-4　零件轮廓尺寸公差带的调整

4. 零件的内转接凹圆弧

零件的内槽及缘板之间的内孔转接圆弧半径尺往往限制了刀具直径 D 的增大（图 2-5），一般来说，当尺$<0.2H$ 时，可以判定零件上该部位的工艺性不好（H 为被加工轮廓面的最大高度）。这种情况下，虽然加工工艺性较差，但仍应选用不同直径的铣刀分别进行粗、精加工，以最终保证零件上内转接圆弧半径的要求。

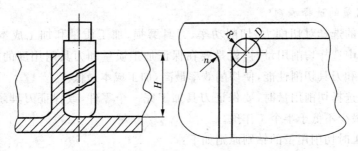

图 2-5　肋板高度与内孔转接圆弧对零件铣削工艺性的影响

在一个零件上，多个这种凹圆弧半径在数值上的一致性问题，对数控铣削的工艺性显得相当重要。一般来说，即使不能寻求完全的统一，也要力求将数值相近的圆弧半径分组靠拢达到局部统一，以尽量减少铣刀规格与换刀次数，并避免因频繁换刀而增加零件加工面上的接刀痕，降低表面质量。对于多个凹圆弧只用一把刀集中连续加工，则刀具的半径受最小的凹圆弧半径的限制，即 $D/2\leqslant$ 圆弧半径 R。

5. 零件的槽底圆角半径

零件的槽底圆角半径 r 或腹板与缘板相交处的圆角半径 r 对平面的铣削影响较大。当 r 越大时，铣刀端刃铣削平面的能力越差，效率也越低，如图 2-6 所示。因为铣刀与铣削平面接触的最大直径 $d:D-2r$（D 为铣刀直径），当 D 越大而 r 越小时，铣刀端刃铣削平面的面积越大，加工平面的能力越强，铣削工艺性越好。当 r 多大时，可采取先用 r 较小的铣刀粗加工（注意防止 r 被"过切"），再用 r 符合零件要求的铣刀进行精加工。

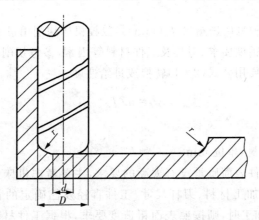

图 2-6　零件底面与肋板的转接圆弧对零件铣削工艺的影响

综上所述，在分析零件图时，应综合考虑多方面因素的影响，权衡利弊，选择最佳的加工工艺方案。例如，对选择不同规格的铣刀进行粗、精加工以及减少换刀次数的问题，则应根据生产批量的大小、加工精度要求的高低和编程是否方便等因素，进行综合分析，以获得最佳的工艺方案。

三、切削用量的选择

1. 切削用量的选择原则

切削用量的选择对切削力、切削功率、刀具磨损、加工质量和加工成本均有显著影响。数控加工中选择切削用量时，就是要在保证加工质量和刀具耐用度的前提下，充分发挥机床性能和刀具切削性能，使切削效率最高，加工成本最低。

数控机床选择切削用量时，要保证刀具加工完一个零件，或保证刀具耐用度不低于一个工作班，最少不低于半个工作班。

粗、精加工时切削用量的钻则原则如下：

（1）粗加工时切削用量的选择原则

首先选取尽可能大的被吃刀量，其次根据机床动力和刚性的限制条件，选取尽可能大的进给量；最后根据刀具耐用度确定最佳的切削速度。

（2）精加工时切削用量的选择原则

首先根据粗加工后的余量确定被吃刀量；其次根据已加工表面的粗造度要求，选取较小的进给量；最后在保证刀具耐用度的前提下，尽可能选取较高的切削速度。

2. 切削用量的选择方法

（1）背吃刀量的选择

根据加工余量确定：粗加工（$R_a = 10 \sim 80 \ \mu m$）时，一次进给量应尽可能切出全部余量。在中等功率机床上，被吃刀量可达 $8 \sim 10mm$。半精加工（$R_a = 1.25 \sim 10 \ \mu m$）时，被吃刀量取为 $0.5 \sim 2mm$。精加工（$R_a = 0.32 \sim 1.25 \ \mu m$）时，背吃刀量取为 $0.2 \sim 0.4mm$。粗加工分几次进给时，应当把第一、二次进给的背吃刀量尽量取的大一些。

（2）进给量的选择

进给量 f（mm/r）和每齿进给量 f_z（mm）是数控机床切削用量中的重要参数，根据零件的表面粗造度、加工精度要求、刀具及工件材料等因素，参考切削用量手册选取。数控编程与操作加工时，需要用公式（2-1）转换成进给速度。

$$v_f = nZf_z \tag{2-1}$$

式中：Z——铣刀齿数

f_z——每齿进给量，单位 mm

粗加工时，由于工件表面质量没有太高的要求，主要考虑机床进给机构及刀杆的强度和刚性等因素，根据加工材料、刀杆尺寸、工件直径及已确定的背吃刀量来选择进给量。在半精加工和精加工时，则按照表面粗造度要求，根据工件材料、刀尖圆弧半径、切削速度来选择进给量。如精铣时可取 $20 \sim 25mm/min$，精车时可取 $0.10 \sim 0.20mm/r$。

最大进给量受机床刚度和进给系统的性能限制。在选择进给量时，还应注意零件加工中的某些特殊因素。比如，在轮廓加工中选择进给量时，应考虑轮廓拐角处的超程问题。特别是在拐角较大、进给速度较高时，应在接近拐角处适当降低进给速度，以保证加工精度。

（3）切削速度的选择会根据已经选定的背吃刀量、进给量及刀具耐用度选择切削速度。可用经验公式计算，也可查表或参考切削用量手册选取。

切削速度 ν_c 确定后，按式（2-2 轴转速 n(r/min)，对有级变速的机床，须按机床说明书选择与所计算转速 n 接近的转速，并填入程序单中。

$$\nu_c = nf \tag{2-2}$$

在选择切削速度时，还应考虑以下几点：

· 应尽量避开积屑瘤产生的区域。

· 断续切削时，为减小冲击和热应力，要适当降低切削速度。

· 在易发生振动的情况下，切削速度应避开自激振动的临界速度。

· 加工大件、细长件和薄壁工件时，应选用较低的切削速度。

（4）机床功率的校核

切削功率用式（2-3）计算，机床有效功率按式（2-4）计算。

$$P_E = P_c / \eta \tag{2-3}$$

式中：η—机床传动效率，一般取为 0.75～0.85。

$$P'_E = P_E \eta \tag{2-4}$$

式中：η——为机床的传动效率。

如果切削功率远小于有效功率，则机床功率没有得到充分发挥，这时可以规定较低的刀具耐用度，或采用切削性能更好的刀具材料，以提高切削速度的办法使切削功率增大，以期充分利用机床功率，达到提高生产率的目的。

如果切削功率大于有效功率，则选择的切削用量不能在指定的机床上使用，这是可调换功率较大的机床，或根据所限定的机床功率降低切削用量（主要是降低切削速度）。这时虽然机床功率得到充分利用，却未能充分发挥刀具的性能。

（5）切削液的选用

合理选择切削液，可改善工件与刀具之间的摩擦状况，降低切削力和切削温度，减轻刀具磨损，减小工件热变形，提高刀具耐用度，提高加工效率和质量。

· 粗加工时切削液的选用。

粗加工时所用切削用量大，会产生大量的切削热。采用高速钢刀具切削时，使用切削液的主要目的是降低切削温度，减少刀具磨损。硬质合金刀具耐热性好，一般不用切削液，必要时可采用低浓度乳化液或水溶液。但必须连续、充分地浇注，以免处于高温状态的硬质合金刀片产生巨大的内应力而出现裂纹。

· 精加工时切削液的选用。精加工时，要求表面粗造度值较小，一般选用润滑性能较好的切削液，如高浓度的乳化液或含极压添加剂的切削油。

任务二 数控铣削加工工艺设计

【学习目标】

掌握数控铣削加工中走刀路线的确定;掌握加工工序的划分与设计方法。

【工作任务】

正确确定各种加工方式下刀具走刀路线;熟练掌握加工工序的划分与设计方法,并灵活运用这些方法。

【相关知识】

数控铣削是最常用和最主要的数控加工方法,它除了能铣削普通铣床所能铣削的各种零件外,还能铣削普通铣床不能加工的各种平面轮廓和曲体轮廓,如凸轮、模具、叶片等。

下面介绍数控铣床加工工艺设计中的主要内容。

一、走刀路线的确定

数控铣削加工中走刀路线对零件加工精度和表面质量有直接的影响。因此,确定好走刀路线是保证铣削加工精度和表面质量的工艺措施之一。进给路线的确定与工件表面的状态、要求的零件表面质量、机床进给机构间隙、刀具耐用度以及零件轮廓形状等有关。下面针对铣削方式和常见的几种轮廓加工形状,讨论刀具进给路线的确定问题。

1. 顺铣和逆铣

铣削有顺铣和逆铣两种方式。因为顺铣加工后零件表面质量好,刀齿磨损小,所以当工件表面无硬皮以及机床进给机构无间隙时,应选用顺铣。尤其是零件材料为铝镁合金、钛合金或耐热合金时,应尽量选用顺铣。当工件表面有硬皮以及机床进给机构有间隙时,应采用逆铣。因为逆铣时,刀齿是从已加工表面切入,不会崩刀,机床进给机构的间隙不会引起振动和爬行。

2. 铣削外轮廓的走刀路线

当铣削平面零件的外轮廓时,一般采用立铣刀侧刃切削。如图 2-7a、b 所示,刀具切入或切出零件时,应沿外轮廓曲线延长线的切向逐渐切入或切出工件,而不是沿零件外轮廓的法向切入和切出,从而避免在切入和切出处产生刀具的切痕,保证零件曲线的平滑过渡。

3. 铣削内轮廓的走刀路线

如图 2-8a 所示为铣削内圆轮廓表面时的走刀路线。为避免刀具沿内圆轮廓的法向切入和切出,通常使用一个切入和切出的过渡圆弧,过渡圆弧半径会小于并接近工件圆

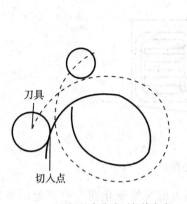

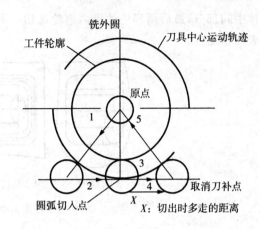

a）沿外轮廓曲线延长线方向　　　　　　b）沿几何元素的向内交点

图 2-7　铣削外轮廓时的走刀路线

弧半径。

刀具从工件中心起刀到过渡圆弧起点 A，再沿过渡圆弧铣削到工件圆弧加工起点 B 点，从 B 点开始铣削整圆后再回到 B 点，然后从 B 点沿过渡圆弧到终点 C，最后回到工件中心点。

在铣削如图 2-8b 所示的封闭内轮廓时，因轮廓曲线无法外延，刀具只能沿轮廓曲线的法向切入和切出。这时，铣刀应自零件轮廓上的同一点，沿法向切入和切出。并且刀具切入和切出点应尽量选择在零件轮廓曲线上两几何元素的交点处。

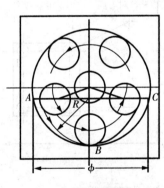

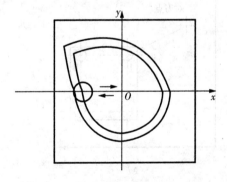

a）采用过渡圆弧　　　　　　　　b）沿几何元素的向内交点方向

图 2-8　铣削内轮廓时的走刀路线

4.铣削内槽的走刀路线

所谓内槽是指以封闭曲线为边界的平底凹槽，需要用于底面的立铣刀加工，如图 2-9 所示为铣削内槽的几种走刀路线。

如图 2-9a 所示为行切法，走刀路线较短，但每两次进给之间会有残留，增加表面粗糙度；如果采用如图 2-9b 所示的环切法，可获得较好的表面粗糙度，但是走刀路线较长，刀位点计算也稍复杂；如图 2-9c 所示为行切法和环切法的综合应用，即先用行切法切掉中间部分，最后用环切法沿内槽轮廓切一周，即使总的走刀路线较短，又能获得较好的表面粗糙度。

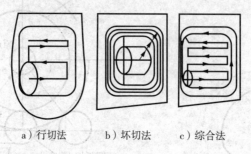

a）行切法   b）坏切法   c）综合法

图 2-9 铣削内槽的走刀路线

在轮廓铣削过程中要避免中途停顿，否则会因切削力的突然变化而在停顿处的轮廓表面留下刀痕。当零件的加工余量较大时，可采用多次进给逐渐切削的方法，最后留少量的精加工余量（一般为 0.2～0.5mm），安排在最后一次走刀连续加工出来。

5. 孔系加工路线

对于孔位置精度要求较高的零件，在精镗孔系时，镗孔路线一定要注意各孔的定位的方向一致，即采用单向趋近定位点的方法，以避免传动系统反向间隙误差或测量系统的误差对定位精度的影响。例如，图 2-10a 所示的孔系加工路线，在加工孔Ⅳ时，X 方向的反向间隙将会影响Ⅲ、Ⅳ两孔的孔距精度；如果改为图 2-10b 所示的加工路线，可使各孔的定位方向一致，从而提高了孔距精度。

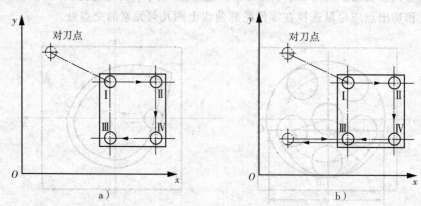

图 2-10 孔系加工路线方案比较

任务二 数控铣削加工工序的划分与设计

1. 工序的划分

在确定加工内容和加工方法的基础上，根据加工部位的性质、刀具使用情况以及现有的加工条件，参照工序划分原则和方法，将这些加工内容安排在一个或几个数控铣削加工工序中。

(1)当加工中使用的刀具较多时,为了减少换刀次数,缩短辅助时间,可以将一把刀具所加工的内容安排在一个工序(或工步)中。

(2)按照工件加工表面的性质和要求,将粗加工、精加工分为依次进行的不同工序(或工步)。先进行所有表面的粗加工,然后再进行所有表面的精加工。

一般情况下,为了减少工件加工中的周转时间,提高数控铣床的利用率,保证加工精度要求,在数控铣削工序划分的时候,应尽量使工序集中。当数控铣床的数量比较多,同时有相应的设备技术措施保证工件的定位精度时,为了更合理地均匀机床的负荷,协调生产组织,也可以将加工内容适当分散。

在确定了某个工序的加工内容后,要进行详细的工步设计,即安排这些工序内容的加工顺序,同时考虑程序编制时刀具运动轨迹的设计。一般将一个工步编制为一个加工程序,因此,工步顺序实际上也就是加工程序的执行顺序。

一般数控铣削采用工序集中的方式,这时工步的顺序就是工序分散时的工序顺序,通常按照从简单到复杂的原则,先加工平面、沟槽、孔,再加工外形、内腔,最后加工曲面;先加工精度要求低的表面,再加工精度要求高的部位等。

2.加工工序的设计

在数控铣床及镗铣加工中心上加工零件,工序比较集中,在一次装夹中,尽可能完成全部工序。根据数控机床的特点,为了保持数控铣床及镗铣加工中心的精度,降低生产成本,延长使用寿命,通常把零件的粗加工,特别是基准面、定位面的加工在普通机床上进行。

零件的加工工序通常包括切削加工工序、热处理工序和辅助工序(包括表面处理、清洗和检验等),这些工序的顺序直接影响到零件的加工质量、生产效率和加工成本。因此,在设计工艺路线时,应合理安排好切削加工、热处理和辅助工序的顺序,并解决好工序间的衔接问题。

铣削加工零件划分工序后,各工序的先后顺序排定通常要考虑如下原则:

(1)基面先行原则。用作精基准的表面应优先加工出来。

(2)先粗后精原则。各个表面的加工顺序按照粗加工—半精加工—精加工—光整加工的顺序依次进行,逐步提高表面的加工精度和减小表面粗糙度。

(3)先主后次原则。零件的主要工作表面、装配基面应先加工,从而能及早发现毛坯中主要表面可能出现的缺陷。次要表面可穿插进行,放在主要加工表面加工到一定程度后最终精加工之前进行。

(4)先面后孔原则。对箱体、支架类零件,平面轮廓尺寸较大,一般先加工平面,再加工孔和

其他尺寸,这样安排加工顺序,一方面用加工过的平面定位,稳定可靠;另一方面在加工过的平面上加工孔,孔加工的编程数据比较容易确定(如 R 点的高度),并能提高孔的加工精度,特别是钻孔时的轴线不易歪斜。

对后三个原则很容易理解。故而,下面讲述基面先行原则,对它的应用往往是排列工序的关键,也是难点。

定位基准的选择是决定加工顺序的重要因素。在安排加工工序之前,应先找出零件的主要加工表面,并了解它们之间主要的相互位置精度的要求。而定位基准的选择对零件各主要表面的相互位置精度又有着直接的影响。一些彼此有较高精度要求的表面应尽量在一次安装中加工出来,这样可减少零件的安装误差对它们之间的相互位置精度的影响。

用作精基准的表面应优先加工出来,因为定位基准的表面越精确,装夹误差就越小。任何一个较高精度的表面在加工之前,作为其定位基准的表面必须先加工完毕。

加工这些定位基准面时又必须以另外的表面来作为定位粗基准。因此当工艺分析时工序的精定位基准初步确定后,向前可推出加工定位精基准工序,向后推出以工序的精定位基准加工的工序,这样便可以逐步得到整个工艺过程加工顺序的大致轮廓。

如图 2-11 所示为盘状凸轮零件的加工。分析工艺路线的方法是:首先分析出零件的设计基准是中心孔 $\phi 22H7mm$ 的中心和 A 面(或 B 面),精定位基准显然由一面两孔定位比较合适,因此可向前推出加工定位精基准中心孔 22H7mm 的加工及另一个工艺孔 $\phi 14H7mm$ 的加工和 A 面(或 B 面)的加工工序——第一阶段采用普通机床的加工工序,第二阶段采用数控机床的加工工序,由一面两孔定位,加工凸轮的曲线轮廓表面。再插入适当的热处理工序等,盘状凸轮零件整个工艺过程的加工顺序就基本明确了。

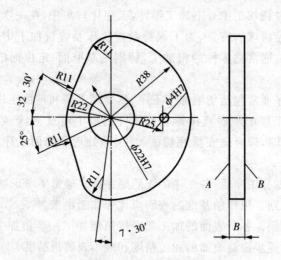

图 2-11　盘状凸轮零件

例如,加工箱体零件的工艺路线也可分为两阶段,即在数控加工工序之前,用普通机床加工箱体上的精基准表面,之后,才宜采用数控加工中心尽可能多地加工其他表面,满足加工精度,充分发挥了数控机床的设备优势。

在选择并做出决定时,应结合本单位的实际,如生产批量、生产周期、工序间周转情况等。总之,要尽量做到合理,立足于解决难题、攻克关键点提高生产率,充分发挥数控加工的优势。

一般适合数控铣削加工零件的大致的加工顺序是:加工精基准 t 粗加工主要表面;加工次要表面;安排热处理工序;精加工主要表面;最终检查。

任务三　数控铣削加工的定位与装夹

【学习目标】

掌握六点定位原理及其在数控铣削加工中的应用；掌握定位与夹紧的概念及两者之间的关系。

【工作任务】

灵活运用六点定位原理分析工件的定位是否正确。

【相关知识】

在机床上加工工件时，需要使工件在机床上占有正确的位置，即定位。在加工过程中工件受到切削力、重力、惯性力等作用，所以还应采用一定的机构，使工件在加工过程中始终保持在原先确定的位置上，即夹紧。在机床上使工件占有正确的加工位置并使其在加工过程始终保持不变的工艺装备称为机床夹具。本章内容包括定位基准、定位方式及定位元件的类型及选择；定位误差的计算；数控加工中的装夹方式及数控机床典型夹具简介。

通过本章学习，使读者在掌握正确的定位方式、选用符合加工工艺的夹具及保证数控加工的加工精度等方面打下坚实的基础。

一、六点定位原理

一个工件在空间中，其位置是不确定的，在空间直角坐标系中，工件具有六个自由度，即沿 x、y、z 三个直角坐标轴方向的移动自由度 $\vec{x}$、$\vec{y}$、$\vec{z}$ 和绕这三个坐标轴的转动自由度即 $\hat{x}$、$\hat{y}$、$\hat{z}$。

图 2-12 所示为工件的六个自由度，如果要使工件在某坐标轴方向上的位置确定，就必须限制工件在该坐标轴方向上的自由度。如果要使工件在夹具中的位置确定，就必须限制工件的全部六个自由度。在工件夹具上有不同的定位部位或定位元件，其目的就是为了限制工件的自由度，因此，可以说工件的定位就是根据加工需求来限制工件自由度的。在限制工件自由度时，通常将夹具占噬堡塑焦立定焦丕堡垫叁燃塞墨每一个支承点限制相应的一个自由度，而用六个合理分布的支承点就可以限制工件的六个自由度，这就是工件定位的六点原理，是工件定位的基本法则。

如对于分布不合理的六个支撑点，有可能无法限制

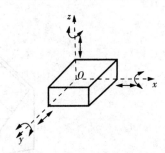

图 2-12　工件的六个自由度

工件的六个自由度。因此,对于一般零件而言,即 xOy 平面内布置三个支撑点 1、2、3,当工件落在这三个点上时,就限制了沿 z 方向上的移动自由度和绕 x、y 轴的转动自由度;在 yOz 平面内布置两个支撑点 4、5,当工件侧面与这两个点接触时,就限制了沿 x 轴方向上的移动自由度和绕 z 轴的回转自由度;在 xOy 平面内布置一个支撑点 6,当工件的另一个侧面与其相接触时,就限制了沿 y 轴方向上的自由度。这样,通过在三个平面内合理分布的六个支撑点,就限制了工件的六个自由度。初次之外,还有其他一些不同的定位方法,如图 2 - 14 所示就是一种在长 V 型槽中的定位方法,其支撑点的分布被称为"四、一、一"。

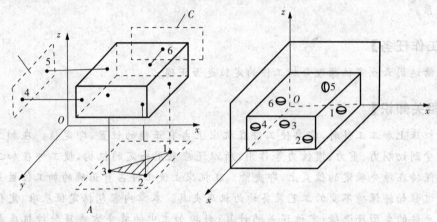

图 2 - 13 一般工件的定位

在六点定位原理中,需要注意以下几点:

(1)在图 2 - 9 中,在 xOy 平面内的三个点,不能在一条直线上,否则,就无法限制绕 Y 型的旋转自由度;

(2)支撑点的合理分布取决于定位基准的形状和位置,如图 2 - 10 所示;

(3)一个定位支撑点仅限制一个自由度,一个工件仅有六个自由度,所设置的定位支撑点的数目,原则上不应超过六个;

(4)工件定位面必须与支撑点充分接触。如果两者分离,就无法实现定位。

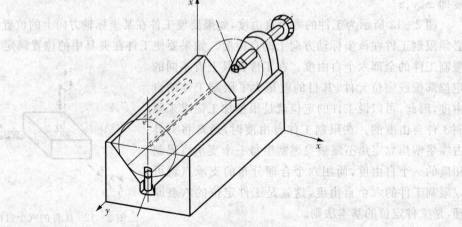

图 2 - 14 V 型槽中的定位

二、六点定位原理的应用

六点定位原理对于任何形状工件的定位都是适用的，如果违背了这个原理，工件在夹具中的位置就不能完全定位。然而，用工件六点定位原理进行定位时，必须根据具体加工要求灵活运用，工件形状不同，定位表面不同，定位点的布置情况会各有不同，宗旨是使用最简单的定位方法，使工件在夹具中迅速获得正确位置。

在利用六点定位原理对工件进行定位时，根据实际的加工和定位需求，有时需要将工件的六个自由度全部限制住；有时只需要限制六个自由度当中的 3～5 个；更有甚者，在定位时，需要限制的自由度没有被限制，或者已经限制的自由度，又会加上其它约束等。这就使得工件在定位时出现了如下几种情况：

1. 完全定位

工件的六个自由度全部被夹具中的定位元件所限制，而在夹具中占有完全确定的唯一位置，称为完全定位。

在加工一些复杂零件，以及当工件在 x、y、z 三个方向上均有尺寸和位置精度要求时，一般采用这种定位方法，如图 2-9 和 2-10 所示。

2. 不完全定位

根据工件加工表面的不同加工要求，定位支撑点的数目可以少于 6 个。有些自由度对加工要求有影响，有些自由度对加工要求无影响，在保证工件加工要求的前提下，只限制工件的部分自由度，这种定位情况称为不完全定位，如图 2-15 所示。在保证工件加工要求的前提下，工件定位时允许出现不完全定位。

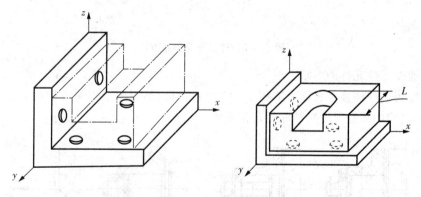

图 2-15　不完全定位

3. 欠定位

按照加工要求应该限制的自由度没有被限制的定位称为欠定位。如图 2-9 中，需要限制的自由度有 6 个，如果只限制其中的前 5 个，则必然会使工件在加工中，无法确定其在 y 轴方向上的移动位置，无法保证工件的加工要求，则必然导致生产事故的发生。因此，无论何种加工方式下，欠定位都是不允许出现的。

4. 过定位

工件的一个或几个自由度被不同的定位元件重复限制的定位称为过定位。当过定位导致工件或定位元件变形，影响加工精度时，应该采取相应措施，尽量避免或消除过定位。

如图 2-16a 所示，被切削平面相对于 A 面有垂直度要求。若用两个大平面 A、B 对工件进行定位，则必然会使绕 y 轴的旋转自由度被 A、B 两个平面同时约束，出现重复限制，即过定位的现象。当工件处于加工位置 I 时，垂直度可以得到保证，而在加工位置 II 时，则无法保证。因此，采用图 2-16b 中所示方式予以消除。

由于过定位的情况比较复杂，产生的原因也较多，因此，避免或消除过定位的方法也比较多。通常可采用如下几种方式来避免或消除过定位：

(1)减少接触面积。如图 2-16b 所示，将定位平面 B 改为圆柱体，将面接触改为了线接触，避免了过定位的出现。

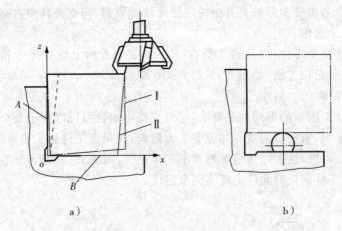

图 2-16　过定位及消除方法

(2)改变定位元件的形状。

(3)缩短圆柱面接触长度。如图 2-17 所示，可以通过缩短定位心轴的长度，从而缩短轴与孔之间的接触长度来消除过定位现象。

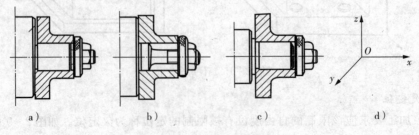

图 2-17　定位心轴定位

(4)设法使定位元件在过定位方向(干涉方向)上能浮动。如图 2-18 所示，a 中的可浮动平面支撑、b 中的可浮动 V 型块以及 c 中的球面垫圈都可以有效地减少实际支撑点数目，从而消除过定位。

（5）提高定位元件的精度。

（6）拆除过定位元件。

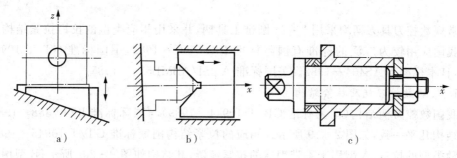

图 2-18　可浮动的定位元件

但当过定位并不影响加工精度，反而对提高加工精度有利时，也可以采用。

三、定位与夹紧的关系

分析定位支撑点的定位作用时，不考虑力的影响。工件的某一自由度被限制，并非指工件在受到使其脱离定位支撑点的外力，不能运动。欲使其在外力作用下不能运动，是夹紧的任务；反之，工件在外力作用下不能运动，即被夹紧，也并非是说工件的所有自由度都被限制了。所以定位和夹紧是两个概念，定位不表示被夹紧了，而夹紧了不表示已经定位正确，两者不能混淆。

任务四　数控铣削加工刀具系统

【学习目标】

本次任务是通过学习数控铣削加工刀具系统，掌握常规数控刀具刀柄系统的结构；掌握模块化刀柄刀具的接口特性，模块化刀柄的优点及其夹紧原理；掌握 HSK 刀柄的工作原理及性能特点。

【工作任务】

对数控铣削加工刀具进行全面了解。

【相关知识】

数控铣削加工刀具系统由成品刀具和标准刀柄两部分组成。其中成品刀具部分与通用刀具相同，如钻头、铣刀、绞刀、丝锥等。标准刀柄部分可满足机床自动换刀的需求：能够在机床主轴上自动松开和拉紧定位，并准确地安装各种刀具和检具，能适应机械手的装刀和卸刀，便于在到库中进行存取管理、搬运和识别等。

一、常规数控刀具刀柄

常规数控刀具刀柄均采用 7：24 圆锥工具柄，并采用相应类型的拉钉拉紧结构。目前在我国应用较为广泛的标准有国际标准 ISO 7388—1983，中国标准 GT/T 10944—1989，日本标准 MAS404—1982。美国标准 ANSI/ASMB5.5—1985。

1. 常规数控刀柄及拉紧结构

我国数控刀柄结构（国家标准 GB/T 10944—1989）与国际标准 ISO 7388—1983 规定的结构几乎一致，如图 2-19 所示。相应的拉紧结构国家标准 GT/T 10945—1989 包括两种类型的拉钉：A 型用于不带钢球的拉紧装置，其结构如图 2-20a 所示；B 型用于带钢球的拉紧装置，其结构如图 2-20b 所示。图 2-21 和图 2-22 分别表示日本标准锥柄及拉紧结构和美国标准锥柄及拉紧结构。

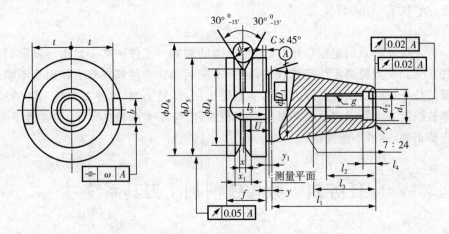

图 2-19　中国标准锥柄结构

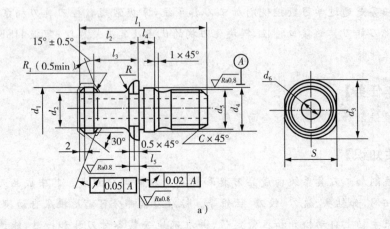

a)

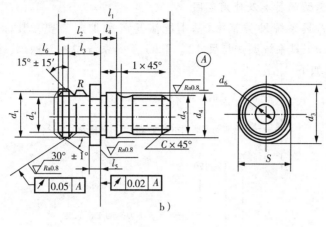

图 2 - 20

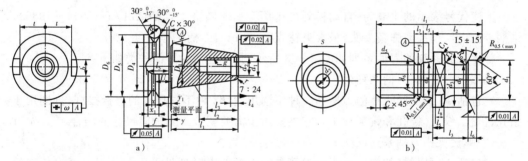

图 2 - 21 日本标准锥柄及拉钉结构

a)锥柄结构 b)拉钉结构

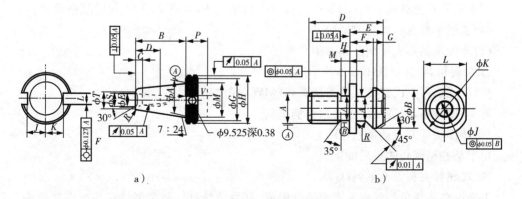

图 2 - 22 美国标准锥柄及拉钉结构

2. 典型刀具系统的种类及使用范围

整体式数控刀具系统种类繁多，基本能满足各种加工需要。其标准分为 JB/GQ 5010—1983《TSG 工具系统型式与尺寸》。TSG 工具系统中的刀柄，其代号由 4 部分组成，各部分的含义如下：

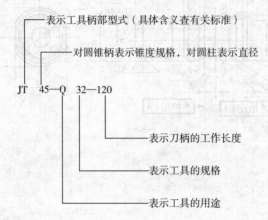

上述代号表示的工具为：自动换到机床用 7∶24 圆锥工具柄（GT/T 10944—1989），锥柄号 45 号，前部为弹簧夹头，最大夹持直径 32mm，刀柄工作长度 120mm。

整体工具系统的刀柄系列如图 2-23 所示，其所包括的刀柄种类如下：

（1）装直柄接杆刀柄系列（J）

它包括 15 种不同规格的刀柄和 7 种不同用途、63 种不同尺寸的直柄接杆，分别用于钻孔、扩孔、绞孔、镗孔和铣削加工。它主要用于需要调节刀具轴向尺寸的场合。

（2）弹簧夹头刀柄系列（Q）

它包括 16 种规格的弹簧夹头。弹簧夹头刀柄的夹紧螺母采用钢球将夹紧力传递给夹紧环，自动定心、自动消除偏摆，从而保证其夹持精度，装夹直径为 16～40mm。如配用过渡卡簧套 QH，还可装夹直径为 6～12mm 的刀柄。

（3）装钻夹头刀柄系列

用于安装各种莫氏短锥（Z）和贾氏锥度（刁）钻夹头，共有 24 种不同的规格尺寸。

（4）装削平型直柄工具刀柄（XP）

（5）装带扁尾莫氏锥柄工具刀柄系列（M）

29 种规格，可装莫氏 1.5 号锥柄工具。

（6）装无扁尾莫氏圆锥工具刀柄系列（MW）

有 10 中规格，可装莫氏 1.5 号锥柄工具。

（7）装浮动铰刀刀柄系列（JF）

用于某些精密孔的最后加工。

（8）攻螺纹夹头刀柄系列（G）

刀柄由夹头柄部和丝锥夹套两部分组成，其后锥柄有三种类型供选择。攻螺纹夹头刀柄具有前后浮动装置，以防止机攻时丝锥折断。

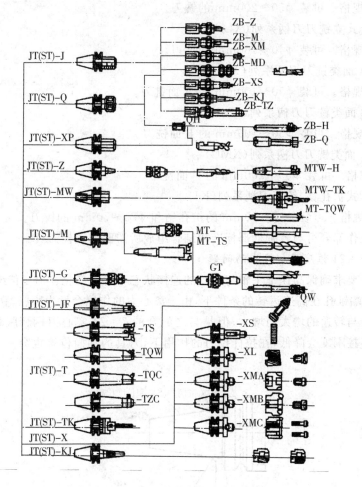

图 2-23 镗铣数控机床工具系统

(9)倾斜微调镗刀刀柄系列(TQW)

有 45 种不同规格。这种刀柄刚性好,微调精度高,微进给精度最高可达到每 10 格误差±0.02mm,镗孔范围是 ϕ20～285mm。

(10)双刃镗刀刀柄系列(TS)

镗孔范围是 ϕ21～140mm。

(11)直角型粗镗刀刀柄系列(TZC)

有 34 种规格。适用于对通孔的粗加工,镗孔范围是 ϕ25～190mm。

(12)倾斜型粗铣刀刀柄系列(TQC)

有 35 种规格。主要适用于不通孔、阶梯孔的粗加工。镗孔范围是 ϕ20～200mm。

(13)复合镗刀刀柄系列(TF)

用于镗削阶梯孔。

(14)可调镗刀刀柄系列(TK)

有 3 种规格。镗孔范围是 ϕ5～165mm。

(15)装三面刃铣刀刀柄系列(XS)

有 25 种规格。可装 $\phi50\sim200mm$ 的铣刀。

(16)装套式立铣刀刀柄系列(XL)

有 27 种规格。可装 $\phi40\sim160mm$ 的铣刀。

(17)装 A 面类铣刀刀柄系列(XMA)

有 21 种规格。可装 $\phi50\sim100mm$ 的 A 面铣刀。

(18)装 B 面类铣刀刀柄系列(XMB)

有 21 种规格。可装 $\phi50\sim100mm$ 的 B 面铣刀。

(19)装 C 面类铣刀刀柄系列(XMC)

有 3 种规格。可装 $\phi60\sim200mm$ 的 C 面铣刀。

(20)装套式扩孔钻、铰刀刀柄系列(KJ)

共 36 种规格。可装 $\phi20\sim90mm$ 的扩孔钻和 $\phi25\sim70mm$ 的铰刀。

刀具的工作部分可与各种柄部标准相结合组成所需要的数控刀具。

3. 常规 7∶24 锥度刀柄存在的问题

高速加工要求确保高速下主轴与刀具的连接状态不发生变化。但是传统主轴的

7∶24 前端锥孔在高速运转的条件下,由于离心力的作用会发生膨胀,膨胀量的大小随着旋转半径与转速的增大而增大;但是与之配合的 7∶24 实心刀柄膨胀量则较小,因此总的锥度连接刚度会降低,在拉杆拉力的作用下,刀具的轴向位置也会发生改变(如图 2-24 所示)。

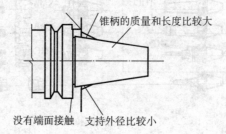

图 2-24 在高速运转中离心力使主轴锥孔扩张

主轴锥孔的喇叭口状扩张,还会引起刀具及夹紧机构质心的偏离,从而影响主轴的动平衡。要保证这种连接在高速下仍有可靠接触,需要一个很大的过盈量来抵消告诉旋转时主轴锥孔端部的膨胀,例如标准 40 号锥需要初始过盈量为 $15\sim20\ \mu m$,再加上消除锥度配合公差带的过盈量(AT4 级锥度公差带达 13 μm),因此这个过盈量很大。这样大的过盈量要求拉杆产生很大的拉力,这样大的拉力一般很难实现。就是能实现,对快速换刀也非常不利,同时对主轴前轴承也有不良的影响。

高速加工对动平衡要求非常高,不仅要求主轴组件需精密动平衡(0.4 级以上),而且刀具及装夹机构也需精确动平衡。但是,传递转矩的键和键槽很容易破坏这个动平衡,而且标准的 7∶24 锥柄较长,很难实现全长无间隙配合,一般只要求配合前段 70% 以上接触。因此配合面后段会有一定的间隙,该间隙会引起刀具的径向圆跳动,影响主轴组件整体结构的动平衡。

键是用来传递转矩和进行圆周方向定位的,为解决键及键槽引起的动平衡问题,最

近已研究出一种新的刀/轴连接结构,实现在配合处产生很大的摩擦力以传递扭矩,也可以解决动平衡问题。

主轴与刀具的连接必须具有很高的重复安装精度,以保持每次换刀后的精度不变。否则,即使刀具进行了很好的动平衡也无济于事。稳定的重复定位精度利于提高换刀速度和保持搞的工作可靠性。

另外,主轴与刀具的连接必须有很高的连接刚度及精度,同时也希望对可能产生的振动有衰减作用等。

标准的 7∶24 锥度连接有许多优点:不自锁,可实现快速装卸刀具;刀柄的椎体在拉杆轴向拉力的作用下,紧紧地与主轴的内锥面接触,实心的椎体直接在主轴内锥孔内支承刀具,可以减小刀具的悬伸量;这种连接只有一个尺寸,即锥角需加工到很高的精度,所以成本较低,而且使用可靠,应用非常广泛。

但是,7∶24 锥度连接也有一些不足:

(1)单独锥面定位 7∶24 连接锥度较大,锥柄较长,椎体表面同时要起两个重要作用,即刀具相对与主轴的精确定位及实现刀具夹紧并提供足够的连接刚度。由于它不能实现与主轴端面和内锥面同时定位,所以标准的 7∶24 刀轴锥度连接,在主轴端面和刀柄法兰端面间有较大间隙。在 ISO 标准规定的 7∶24 锥度配合中,主轴内锥孔的角度偏差为"—",刀柄椎体的角度偏差为"+",以保证配合的前段接触。所以它的内径定位精度往往不够高,在配合的后段还会产生间隙。如典型的 AT4 级(ISO1947、GB/T 11334—1989)锥度规定角度的公差值为 13 μm,这就意味着配合后段的最大径向间隙高达 13♯。这个径向间隙会导致刀尖的跳动和破坏结构的动平衡,还会形成以接触前段为支点的不利工况,当刀具所受的弯矩超过拉杆轴向拉力产生的摩擦力矩时,刀具会以前段接触为支点摆动。在切削力作用下,刀具在主轴内锥孔的这种摆动,会加速主轴内锥孔前段的磨损,形成喇叭口,引起刀具轴向定位误差。7∶24 锥度连接的刚度对锥角的变化和轴向拉力的变化也很敏感。当拉力增大 4~8 倍时,连接的刚度可提高 20%~50%。但是,在频繁的换刀过程中,过大的拉力会加速主轴内锥孔的磨损,使主轴内锥孔膨胀,影响主轴前轴承的寿命。

(2)旋转时主轴端部锥孔的扩张量大于锥柄的扩张量。对于自动换刀(ATC)来说,每次自动换刀后,刀具的径向尺寸都可能发生变化,存在着重复定位精度不稳定的问题。由于刀柄锥部较长,也不利于快速换刀和减小主轴尺寸。

二、模块化刀柄刀具

当生产任务改变时,由于零件的尺寸不同,常常使量规长度改变,这就要求刀柄系统有灵活性。当刀具用于有不同的锥度或形状的刀具安装装置的机床时,当零件非常复杂,需要使用许多专用刀具时,模块化刀柄刀具可以显著地减少刀具库存量,可以做到车床和机械加工中心的各种工序仅需一个标准模块化刀具系统。

1. 接口特性

(1)对中产生高精度(图 2-25)

（2）极小的跳动量和精确的中心高

压配合和扭矩负荷对称地分布在接口周围，没有负荷尖峰，这些都是具有极小的跳动量和精确中心高特定的原因。

（3）扭矩与弯曲力的传递（图 2-26）

接口具有极佳的稳定性，其原因是：

·无销和键等

多角形传递扭矩（T）时不像销子或键有部分损失。

·接口中无缝隙

紧密的配合保证了接口中没有间隙。它可向两个方向传递扭矩，而不改变中心高。这对车削工序特别重要，在车削中，间隙会引起中心高突然损失，因此引起撞击。

·负荷对称

扭矩负荷对称地分布在多角形上，无论旋转速度如何都无尖峰，因此接口是自对中的，这就保证了接口的寿命（图 2-27）。

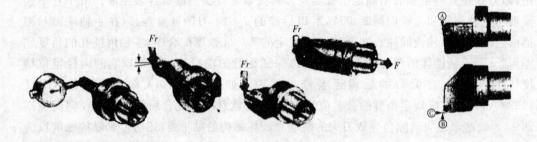

图 2-25　可重复定位精度±0.02mm　图 2-26　扭矩与弯曲力的传递　图 2-27　负荷对称

·双面接触/高夹紧力

由于压配合与高夹紧力相结合，使得接口得以"双面接触"。

2. 模块化刀柄的优点

（1）将刀柄库存降低到最少（图 2-28）

通过将基本刀柄、连杆和加长杆（如需要）进行组合，可为不同机床创建许多不同的组建。当购买新机床时，主轴也是新的，需多次订购或购买新的基本刀柄。许多专用刀具或其他昂贵的刀柄，例如减震杆，可以与新的基本刀柄一起使用。

（2）可获得最大刚性的正确组合

机械加工中心经常需要使用加长的刀具，以使刀具能达到加工表面。使用模块化刀柄就可用长/短基本刀柄、加长杆和缩短杆的组合来创建组件，从而可获得正确的长度。最小长度非常重要，特别是需要采用大悬伸时。

许多时候，长度上的很小差别可导致工件可加工或不可加工。采用模块化刀具，可以使用能获得最佳生产效率的最佳切削参数。

如果使用整体是刀具，它们不是偏长就是偏短。在许多情况下，必须使用专用刀具，而专用刀具过于昂贵。模块化刀具仅几分钟便可组装完毕。

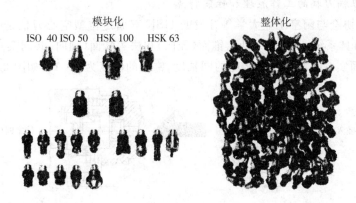

图 2-28　模块化刀具可以用很少的组建组装成非常多种类的刀具

（3）模块化刀具的夹紧原理

中心螺栓夹紧可得到机械加工中心所需的良好稳定性。为了避免铣削或镗削工序中的振动，需使用刚性好的接口。弯曲力距是关键，而产生大弯曲力距的最主要因素是夹紧力。使用中心拉钉夹紧是最牢固和最便宜的夹紧方法。一般情况下，夹紧力是任何其它侧锁紧机构（前紧式）机构的两倍（图 2-29）

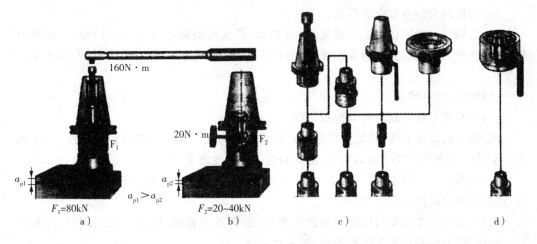

图 2-29　夹紧原理

a）中心拉钉夹紧；b）侧锁紧；c）中心拉钉夹紧 ;d）前紧式

三、HSK 刀柄

HSK 刀柄是一种新型的高速锥形刀柄，其接口采用锥面和端面两面同时定位的方式，刀柄在中空，椎体长度较短，有利于实现换刀轻型化及高速化。由于采用端面定位，完全消除了轴向定位误差，使高速、高精度加工称为可能。这种刀柄在高速加工中心上应用很广泛，被誉为是"21 世纪的刀柄"。

1. HSK 刀柄刀柄的工作原理和性能特点

德国刀具协会与阿亨工业大学等开发的 HSK 双面定位型空心刀柄是一种典型的 1：10 短锥面刀具系统。HSK 刀柄由锥面（径向）和法兰端面（轴向）共同实现与主轴的连接刚性，由锥面实现刀具与主轴之间的同轴度，锥柄的锥度为 1：10，如图 2-30 所示。

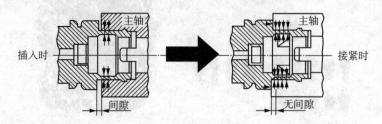

图 2-30 HSK 刀柄与主轴的连接结构与工作原理

这种结构的优点主要有：

(1)采用锥面、端面过定位的结合方式，能有效的提高结合刚度。

(2)因锥部长度短和采用空心结构后质量较轻，故自动换刀动作快，可以缩短移动时间，加快刀具移动速度，有利于实现 ATC 的高速化。

(3)采用 1：10 的锥度，与 7：24 锥度相比锥部较短，楔形效果较好，故有较强的抗扭能力，且能抑制因振动产生的微量位移。

(4)有比较高的重复安装精度。

(5)刀柄与主轴间由扩张爪锁紧，转速较高，扩张爪的离心力（扩张力）较大，锁紧力越大，故这种刀柄具有良好的高速性能，即在高速转动产生的离心力作用下，刀柄能牢固锁紧。

这种结构也有弊端：

(1)它与现在的主轴端面结构和刀柄不兼容。

(2)由于过定位安装，必须严格控制锥面基准线与法兰端面的轴向位置精度，与之相应的主轴也必须控制这一轴向精度，使其制造工艺难度增大。

(3)柄部为空心状态，装夹刀具的结构必须设置在外部，增加了整个刀具的悬伸长度，影响刀具的刚性。

(4)从保养角度来看，HSK 刀柄锥度较小，锥柄近于直柄，加之锥面、法兰端面要求同时接触，使刀柄的修复重磨很困难，经济性欠佳。

(5)成本较高，刀柄的价格是普通标准 7：24 刀柄的 1.5～2 倍。

(6)锥度配合过盈量较小（是 KM 结构的 1/5～1/2），数据分析表明，安 DIN（德国标准）公差制造的 HSK 刀柄在 8000～20000r/min 运转时，由于主轴锥孔的离心扩张，会出现径向间隙。

(7)极限转速比 KM 刀柄低，且由于 HSK 的法兰端面也是定位面，一旦污染，会影响定位精度，所以采用 HSK 刀柄必须有附加清洁措施。

2. HSK 刀柄主要类型及其特点按 DIN 的规定，HSK 刀柄分为 6 中类型如表 2-1 所示。

A,B 型为自动换刀刀柄,C,D 型为手动换刀刀柄,E,F 型为无键连接、对称结构,适用于超高速的刀柄。

表 2-1 HSK 各种类型的形状和特点

A 型			
HSK	法兰直径 d_1/mm	锥面基准直径 d_2/mm	
32	32	24	
40	40	30	
50	50	38	
63	63	48	
80	80	60	
100	100	75	
125	125	95	
160	160	120	

——用途:用于加工中心;

——可通过轴心供切削液;

——锥端部有传递转矩的两个不对称键槽;

——法兰部有 ATC 用的 V 形槽和用于角向定位的切口,法兰上两不对称键槽,用于刀柄在刀库上的定位;

——锥部有两个对称的工艺孔,用于手工锁紧

B 型			
HSK	法兰直径 d_1/mm	锥面基准直径 d_2/mm	
40	40	24	
50	50	30	
63	63	38	
80	80	48	
100	100	60	
125	125	75	
160	160	95	

——用途:用于加工中心及车削中心;

——法兰部的尺寸加大面锥部的直径减少,使法兰轴向定位面积比 A 型大,并通过法兰供切削液;

——传递转矩的两对称键槽在法兰上,同时此键槽也用于刀柄在刀库上定位;

——法兰部有 ATC 用的 V 型槽和用于角向定位的切口;

——锥部表面仅有两个用于手工锁紧的对称工艺孔面无缺口

C 型		
HSK	法兰直径 d_1/mm	锥面基准直径 d_2/mm
32	32	24
40	40	30
50	50	38
63	63	48
80	80	60
100	100	75

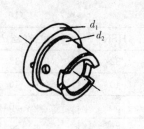

——用途:用于没有 ATC 的机床;

——可通过轴心共切削液;

——锥端部有传递转矩的两不对称键槽;

——锥部有两个对称的工艺孔用于手工锁紧

D 型		
HSK	法兰直径 d_1/mm	锥面基准直径 d_2/mm
40	40	24
50	50	30
63	63	38
80	80	48
100	100	60

——用途:用于没有 ATC 的机床;

——法兰部的尺寸加大而锥部的直径减少,使法兰轴向定位面积比 C 型大,并通过法兰供切削液;

——传递转矩的量对称键槽在法兰上,可传递的转矩比 C 型大;

——锥部表面仅有两个用于后工锁紧的对称工艺孔而无缺口

E 型		
HSK	法兰直径 d_1/mm	锥面基准直径 d_2/mm
25	25	19
32	32	24
40	40	30
50	50	38
63	63	48

——用途:用于高速加工中心及木工机床;

——可通过轴心共切削液;

——无任何槽和切口的对称设计,以适应高速动平衡的需要;

——靠摩擦力转矩

F 型			
HSK	法兰直径 d_1/mm	锥面基准直径 d_2/mm	
50	50	30	
63	63	38	
80	80	48	

——用途:用于高速加工中心及木工机床;

——法兰部的尺寸加大而锥部的直径减少,使法兰轴向定位面积比 E 型大,并通过法兰供切削液;

——无任何槽和切口的对称设计,以适应高速动平衡的需要;

——靠摩擦力传递转矩

【相关实践】

如图 2-31 所示的泵盖零件,为小批量生产,试分析其数控铣削加工工艺。

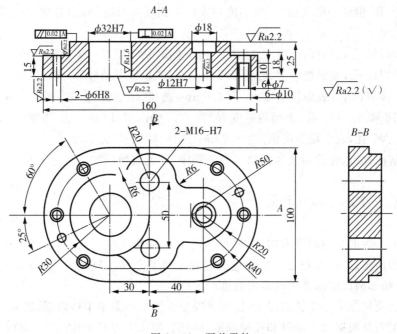

图 2-31 泵盖零件

一、零件图样工艺分析

该零件主要由平面、外轮廓及孔系组成。其中 $\phi32H7$ 和 2-$\phi6H8$ 三个内孔有较高的表面粗糙度要求;$\phi12H7$ 内孔的表面粗糙度要求更高;$\phi32H7$ 内孔表面对 A 面有垂直度要求,上表面对 A 面有平行度要求。

零件材料为铸铁,毛坯尺寸为 170mm×110mm×30mm,切削性能较好。

根据以上分析，$\phi 32H7$ 孔、$2-\phi 6H8$ 孔与 $\phi 12H7$ 孔的粗、精加工分开，以保证表面粗造度要求。同时一 A 面定位，提高装夹刚度以满足 $\phi 32H7$ 内孔表面对 A 面的垂直度要求。

二、确定装夹方案

该零件毛坯外型较规则，在加工上下表面、台阶面及孔系时，选用平口虎钳夹紧；在铣削外轮廓时采用"一面两孔"定位，即以 A 面、$\phi 32H7$ 和 $\phi 12H7$ 孔定位。

三、确定加工方法及走刀路线

1. 上下表面与台阶面的表面粗造度 R_a 为 3.2 μm，选择"粗铣—精铣"方案。
2. 孔加工方法的选择

孔加工前为便于钻头引正，先用中心钻加工中心孔，然后再钻孔。对于精度要求高、表面粗造度 R_a 值较小的表面，一般不能一次加工到规定尺寸，要划分加工阶段。具体方案如下：

(1)$\phi 32H7$ 孔，表面粗造度 R_a 为 1.6 μm，选择"钻—粗镗—半精镗—精镗"方案。

(2)$\phi 12H7$ 孔，表面粗造度 R_a 为 0.8 μm，选择"粗铰—精铰"方案。

(3)6—$\phi 6H8$ 孔，表面粗造度 R_a 为 1.6 μm，选择"钻—铰"方案。

(4)$\phi 18$ 和 6—$\phi 10$ 孔，表面粗造度 R_a 为 12.5 μm，选择"钻—锪"方案。

(5)2—$\phi 7$ 孔，表面粗造度 R_a 为 3.2 μm，选择"钻—铰"方案。

按照基面先行、先面后孔原则确定加工顺序，详见表数控加工工序卡片。

四、选择刀具及切削用量

零件上下表面采用端铣刀加工，根据侧吃刀量选择端铣刀直径，使铣刀工作时有合理的切入切出角；且铣刀直径应尽量包括包容工件整个加工宽度，一提高加工精度和效率，并减少相邻两次进给之间的接刀痕迹。

台阶面及轮廓采用立铣刀加工，铣刀半径受轮廓最小曲率半径限制，取 $R=6\text{mm}$。

孔加工刀具根据加工余量和孔径确定，详见数控加工刀具卡片（表 2-2）

表 2-2 泵盖零件数控加工刀具卡片

产品名称或代码		零件名称	泵盖	零件图号	
序号	刀具号	刀具规格名称	数量	加工表面	备注
1	T01	$\phi 125$ 硬质合金端铣刀	1	铣削上、下表面	
2	T02	$\phi 12$ 硬质合金立铣刀	1	铣削台阶面及轮廓	
3	T03	$\phi 3$ 中心钻	1	钻 $\phi 3$ 中心孔	
4	T04	$\phi 27$ 中心钻	1	钻 $\phi 32H7$ 底孔	

产品名称或代码		零件名称	泵盖	零件图号	
5	T05	内孔镗刀	1	粗镗、半精镗、精镗 ϕ32H7 孔	
6	T06	ϕ11.8 钻头	1	钻 ϕ12 底孔	
7	T07	ϕ18x11 锪钻	1	锪 ϕ18 孔	
8	T08	ϕ12 铰刀	1	铰 ϕ12H7 孔	
9	T09	ϕ14 钻头	1	钻 2—M16 螺纹底孔	
10	T10	90°倒角铣刀	1	2—M16 螺纹倒角	
11	T11	M16 机用丝锥	1	攻 2—M16 螺纹孔	
12	T12	ϕ6.8 钻头	1	钻 6—ϕ7 底孔	
13	T13	ϕ10x5.5 锪钻	1	锪 6—ϕ10 孔	
14	T14	ϕ7 铰刀	1	铰 6—ϕ7 孔	
15	T15	ϕ5.8 钻头	1	钻 2—ϕ6H18 底孔	
16	T16	ϕ6 铰刀	1	铰 2—ϕ6H18 孔	
17	T17	ϕ35 硬质合金立铣刀	1	铣削外轮廓	
编制		审核	批准	年 月 日	共 页 第 页

切削用量详见表 2-3 所示

表 2-3 泵盖零件数控加工工序卡片

单位名称		产品名称或代号			零件名称	零件图号
					泵盖	车间
工序号	程序编号	夹具名称			使用设备	数控中心
001	平口虎钳和一面两销专用夹具	XK5025			被吃刀量 /mm	备注
工步号	工步内容	刀具号	刀具规格 /mm	主轴转速 /(r/min)	进给速度	
1	粗铣定位基准面 A	T01	ϕ125	180	40	2
2	精铣定位基准面 A	T01	ϕ125	180	25	0.5
3	粗铣上表面	T01	ϕ125	180	40	2
4	精铣上表面	T01	ϕ125	180	25	0.5
5	粗铣台阶面及轮廓	T02	ϕ12	900	40	4

单位名称		产品名称或代号			零件名称	零件图号
6	精铣台阶面及轮廓	T02	φ12	900	25	0.5
7	钻所有孔的中心孔	T03	φ3	1000		
8	钻 φ32H7 底孔至 φ27	T04	φ27	200	40	
9	粗镗 φ32H7 孔至 φ30	T05		500	80	1.5
10	半精镗 φ32H7 孔至 φ31.6	T05		700	70	0.8
11	精镗 φ32H7	T05		800	60	0.2
12	钻 φ12H7 底孔	T06	φ11.8	600	60	
13	锪 φ18 孔	T07	φ18X11	150	30	
14	粗铰 φ12H7 孔	T08	φ12	100	40	0.1
15	精铰 φ12H7 孔	T08	φ12	100	40	
16	钻 2—M16 底孔至 φ14	T09	φ14	450	60	
17	2—M16 底孔倒角	T10	90°倒角铣刀	300	40	
18	攻 2—M16 螺纹孔	T11	M16	100	200	
19	钻 6—φ7 底孔至 φ14	T12	φ6.8	700	70	
20	锪 6—φ10 孔	T13	φ10x5.5	150	30	
21	铰 6—φ7 孔	T14	φ7	100	25	0.1
22	钻 6—φ6H8 底孔至 φ5.8	T15	φ5.8	900	80	
23	铰 6—φ6H8 孔	T16	φ6	100	25	0.1
24	粗铣外轮廓	T17	φ35	600	40	2
25	精铣外轮廓	T17	φ35	600	25	0.5
编制		审核		批准		年 月 日　共 页　第 页

练习与思考题

1. 数控铣床的主要加工对象有哪些?
2. 简述数控铣削加工工艺的主要内容。
3. 简述适合数控铣削加工的零件各个加工工序的顺序安排原则。
4. 数控铣削常用的刀具有哪些? 如何选用?

模块三　数控铣削编程与加工

【知识目标】

熟悉数控铣床的结构及其特点；了解数控铣床的分类；熟悉数控铣床的组成和工作原理；数控铣床的主要功能；数控铣床的主要规格参数；熟练掌握数控铣床坐标系及编程方法；

【能力目标】

掌握数控铣削加工中各类程序的指令格式，程序使用方法。

任务一　数控机床坐标系

【学习目标】

认识和了解、掌握数控机床的坐标系。

【工作任务】

熟悉数控机床坐标系，掌握判断机床坐标系的方法。

【相关知识】

一、数控机床的坐标系

1. 右手笛卡尔坐标系

为了简化编制程序的方法，保证记录数据的互换性，国际上对数控机床的坐标和运动方向的命名制定了统一标准，我国也制定了《数控机床坐标和运动方向的命名》标准（JB/T3051—1999）。标准规定，采用右手直角笛卡儿坐标系对机床的坐标系进行命名。用 X、Y、Z 表示直线进给坐标轴，X、Y、Z 坐标轴的相互关系由右手法则决定，如图 3-1所示，图中大拇指的指向为 X 轴的正方向，食指指向为 y 轴的正方向，中指指向为 Z 轴的正方向。围绕 X、Y、Z 轴旋转的圆周进给坐标轴分别用 A、B、C 表示,根据右手螺旋定则,以大拇指指向 $+X$、$+Y$、$+Z$ 方向,则其余四指的指向就是圆周进给运动的 $+A$、$+B$、$+C$ 方向。

数控机床的进给运动是由主轴带动刀具、工作台带动工件形成相对运动来实现的。上述坐标轴的正方向,是假定工件不动,刀具相对于工件做进给运动的方向。如果是工件移动而刀具位置不动,则用加"'"的字母表示,如 $+X'$、$+Y'$、$+Z'$,按相对运动的关系,工件运动的正方向恰好与刀具运动的正方向相反。

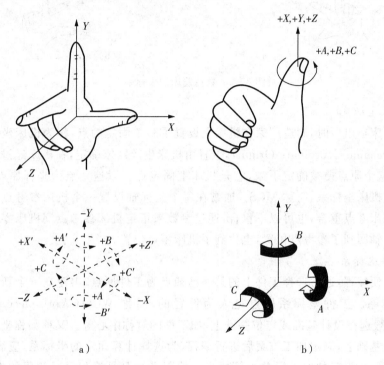

图 3-1　右手笛卡尔坐标系

2. 数控机床上各坐标轴的确定

为了编程方便,数控机床上一律以刀具运动坐标系(既假定工件静止,刀具运动)来编程,即用标准坐标系 X、Y、Z 和 A、B、C 坐标来进行编程,而各坐标轴运动的正方向为使刀具与工件之间距离增大的方向。

(1)Z 轴　一般取产生切削力的主轴轴线为 Z 轴,刀具远离工件方向为正向。

(2)X 轴　一般为水平方向,位于平行于工件装夹面的水平面内且垂直于 Z 轴。

对于数控铣床,当 Z 轴为立式时,人面对主轴,向右为正 X 方向;当 Z 轴为卧式时,人面对主轴,向左为正 X 方向。

(3)Y 轴　根据已确定的 X、Z 轴,按右手笛卡尔坐标系确定。

(4)A、B、C 轴　根据已确定的 X、Y、Z 轴,用右手螺旋法则来确定。

数控铣床的坐标系如图 3-2 所示。

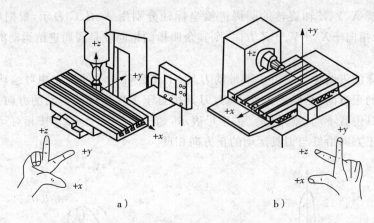

a）   b）

图 3-2   数控铣床的坐标系

3. 机床坐标系

数控机床在出厂时,制造厂家在机床上设置了一个固定的点,称为机床坐标原点,简称 MCO(Machine Coordinate Origin),位置由机床生产厂家确定,在机床经过设计、制造和调整后,这个原点便被确定下来,它是机床上固定点。以这一点为坐标原点而建立的坐标系称为机床坐标系,简称 MCS。通常在每个坐标轴设置一个机床参考点,机床参考点可以与机床零点重合,也可以不重合,通过参数来指定机床参考点到机床零点的距离。机床各坐标轴回到了参考点位置,也找到了机床零点位置。

4. 工件坐标系

为了方便编程,通常选择工件上的某一已知点为工件原点,再建立一个新的坐标系,称工件坐标系。工件坐标系原点是人为设置的,简称 WCO(Work-piece Coordinate Origin),一般选在设计基准或定位基准上,如工件的对称中心等。又称编程坐标系,是在分析图样的基础上,制定加工方案后进行编程,为选择计算而定的坐标系,应满足编程简单、尺寸换算少、引起的加工误差小等要求。编程坐标系是编程序时使用的坐标系。工件坐标系是机床进行加工时使用的坐标系,应该与编程坐标系一至,能否让编程坐标系与工件坐标系一致,是操作数控铣床的关键,通常程序传输到数控机床工件进行加工时,通过对刀等方式,编程坐标系转换成工件坐标系。

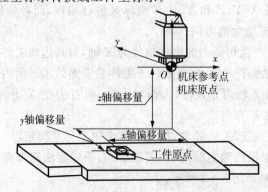

图 3-3   数控机床坐标系和工件坐标系

数控铣床有 3 个坐标系即机床坐标系、编程坐标系和工件坐标系。在使用中机床坐标系是由参考点来确定的,机床系统启动后,进行返回考点操作,机床坐标系就建立了。一般情况下,坐标系一经建立,只要不切断电源,坐标系就不会变化。机床坐标原点和工件坐标系原点之间的关系如图 3-3 所示。

任务二　数控铣床编程中的相关坐标系指令

【学习目标】

掌握 G90、G91、G92、G52、G53、G54～G59 等指令的含义及应用。

【工作任务】

掌握 G90、G91、G92、G52、G53、G54～G59 等指令的含义及指令格式;

掌握 G90、G91、G92、G52、G53、G54～G59 等指令在数控铣床编程中的应用。

【相关知识】

一、绝对值编程与相对值编程(G90 和 G91 指令)

数控机床有两种指令刀具运动的方法:绝对值指令和增量值指令。在绝对值指令模态下,指定的是运动终点在当前坐标系中的坐标值;而在增量值指令模态下,指定的则是各轴运动的距离。G90 和 G91 这对指令被用来选择使用绝对值模态或增量值模态。在同一程序中可

以绝对值和增量值混合使用,原则是依据工件图上的尺寸的表示,用何种方式表示较方便,则使用之。

格式:G90 X_Y_Z_　;

G91 X_Y_Z　;

说明:G90:绝对值编程,每个编程坐标轴上的编程值是相对于程序

原点的。

G91:相对值编程,每个编程坐标轴上的编程值是相对于前一

位置而言的,该值等于沿轴移动的距离。

注意:G90、G91 为模态功能,可相互注销,G90 为缺省值。

G90、G91 可用于同一程序段中,但要注意其顺序所造成的差异。

选择合适的编程方式可使编程简化。当图纸尺寸由一个固定基准给定时,采用绝对方式编程较为方便;而当图纸尺寸是以轮廓顶点之间的间距给出时,采用相对方式编程较为方便。

【例 3-1】　如图 3-4 所示,使用 G90、G91 编程:要求刀具由原点按顺序移动到 1、

2、3点。

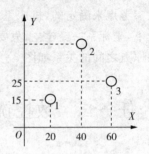

	G90 编程			G91 编程	
N	X	Y	N	X	Y
N01	X20	Y15	N01	X20	Y15
N02	X40	Y45	N02	X20	Y30
N03	X60	Y25	N03	X20	Y−20

图 3-4 G90、G91 编程的区别

二、工件坐标系设定（G92 指令）

格式：G92 X_Y_Z_

说明：其中 X、Y、Z 值是指程序原点到刀位点的向量值，在使用时，必须将 X、Y、Z 值表示出来。

注意：G92 指令通过设定刀具起点（对刀点）与坐标系原点的相对位置建立工件坐标系。工件坐标系一旦建立，绝对值编程时的指令值就是在此坐标系中的坐标值。

用 G92 建立的坐标系为临时坐标系，机床断电后不保存。

【例 3-2】 使用 G92 编程，建立如图 3-5 所示的工件坐标系。

G92 X30 Y30 Z20

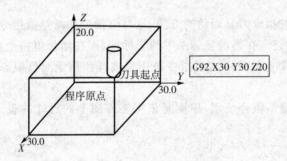

图 3-5 用 G92 建立工件坐标系

三、工件坐标系选择 （G54～G59 指令）

格式：G54～G59

说明：G54～G59 是系统预定的 6 个工件坐标系（如图 3-6 所示），其后不需书写 X、Y 值，其定义是指机床原点与程序原点的向量值，可根据需要任意选用。

这 6 个预定工件坐标系的原点在机床坐标系中的值（工件零点偏置值）可用 MDI 方式输入，系统自动记忆。工件坐标系一旦选定，后续程序段中绝对值编程时的指令值均为相对此工件坐标系点的值。G54～G5 9 为模态功能，可相互注销，G54 为缺省值。

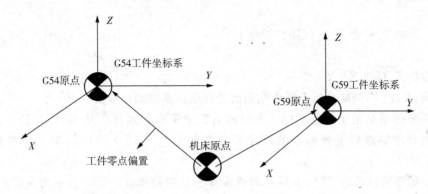

图 3-6　工件坐标系选择(G54~G59)

一般使用 G54~G59 指令后,就不再使用 G92 指令。但如果使用时,则由原来G54~G59 设定的程序原点将被移动到 G92 后面取代 X、Y、Z 值。

【注意事项】

(1)G54 与 G55~G59 的区别

G54~G59 设置加工坐标系的方法是一样的,但在实际情况下,机床厂家为了用户的不同需要,在使用中有以下区别:利用 G54 设置机床原点的情况下,进行回参考点操作时机床坐标值显示为 G54 的设定值,且符号均为正;利用 G55~G59 设置加工坐标系的情况下,进行回参考点操作时机床坐标值显示零值。

(2)G92 与 G54~G59 的区别

G92 指令与 G54~G59 指令都是用于设定工件加工坐标系的,但在使用中是有区别,G92 指令是通过程序来设定、选用加工坐标系的,它所设定的加工坐标系原点与当前刀具所在的位置有关,这一加工原点在机床坐标系中的位置是随当前刀具位置的不同而改变的。

(3)G54~G59 坐标的设定

G54~G59 指令是通过 MDI 在设置参数方式下设定工件加工坐标系的,一旦设定,加工原点在机床坐标系中的位置是不变的,它与刀具的当前位置无关,除非再通过 MDI 方式修改。用 G54~G59 方式建立的坐标系在机床断电后能自动保存。

【例 3-3】 如图 3-7 所示,使用工件坐标系编程:要求刀具从当前点移动到 A 点,再从 A 点移动到 B 点。

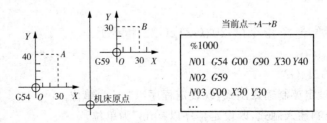

图 3-7　使用工件坐标系编程

四、局部坐标系设定（G52 指令）

指令格式：G52 X Y Z ；

说明：X、Y、Z：局部坐标系原点在当前工件坐标系中的坐标值。

局部坐标系是用于将原坐标系中分离出数个子坐标系统。其 X、Y、Z 的定义是原坐标系的程序原点到子坐标系的程序原点之向量值，G52 X0Y0Z0；表示回复到原坐标系。

设定局部坐标系后，工件坐标系和机床坐标系保持不变。G52 指令为非模态指令，在缩放及旋转功能下，不能使用 G52 指令。

五、选择机床坐标系指令（G53 指令）

指令格式：G53 G90 X Y Z ；

说明：G53 指令使刀具快速定位到机床坐标系中的指定位置上。式中 X、Y、Z 后的值为机床坐标系中的坐标值，其尺寸均为负值。

【例 3 - 4】 G53 G90 X−100.0Y−100.0 Z−20.0；执行指令后刀具在机床坐标系中的位置如图 3−8 所示。

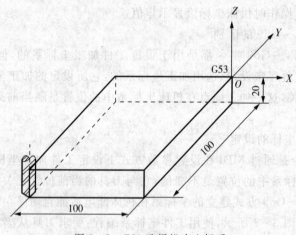

图 3－8 G53 选择机床坐标系

六、尺寸单位选择指令（G20、G21、G22 指令）

格式：G20、G21、G22

说明：G20：设定英制输入制式，既设定程序以"in"为单位。

G21：设定公制输入制式，既设定程序以"mm"为单位。

G22：脉冲当量输入制式。

注意：CNC 铣床或 MC 一开机即自动设定为公制单位"mm"。既 G21 为缺省状态，故程序中不需再指定 G21。但若欲加工以"in"为单位的工件,则于程序的第一单节必须先指定 G20,如此以下所指令的坐标值、进给速率、螺纹导程、刀具半径补正值、刀具长度补正值、手动脉冲发生器(MPG)手轮每格的单位值等皆

被设定成英制单位。

G20 或 G21 通常单独使用,不和其他指令一起出现在同一单节,且应位于程序的第一单节。同一程序中,只能使用一种单位,不可公、英制混合使用。刀具补正值及其他有关数值均需随单位系统改变而重新设定。

【相关实践】

利用 G54~G59 在数控机床上 MDI 方式下,建立以下图 3-9 所示的 6 个坐标系,并且使得各个坐标系的坐标原点在数控机床坐标系中分别处于图中要求的位置。

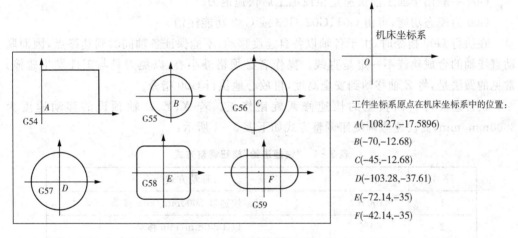

工件坐标系原点在机床坐标系中的位置:

$A(-108.27, -17.5896)$

$B(-70, -12.68)$

$C(-45, -12.68)$

$D(-103.28, -37.61)$

$E(-72.14, -35)$

$F(-42.14, -35)$

图 3-9 在 MDI 方式下建立坐标系

任务三 数控铣床编程中的坐标轴运动指令

【学习目标】

掌握 G00、G01、G02、G03 指令的应用。

【工作任务】

掌握 G00、G01 指令的格式及应用;

掌握 G02、G03 指令的格式及应用;

熟练运用 G00、G01、G02、G03 指令对相关零件进行编程加工。

【相关知识】

一、快速点定位(G00 指令)

格式:G00 X_Y_Z_A_

说明:X、Y、Z、A:快速定位终点坐标,在 G90 时为终点在工件坐标系中的坐标;在 G91 时为终点相对于起点的位移量。

注意:G00 指令刀具相对于工件以各轴预先设定的速度,从当前位置快速移动到程序段指令的定位目标点。G00 指令中的快移速度由机床参数"快移进给速度"对各轴分别设定,不能用 F 规定。

G00 一般用于加工前快速定位或加工后快速退刀。

G00 为模态功能,可由 G01、G02、G03 或 G33 功能注销。

在执行 G00 指令时,由于各轴以各自速度移动,不能保证各轴同时到达终点,因而联动直线轴的合成轨迹不一定是直线。操作者必须格外小心,以免刀具与工件发生碰撞。常见的做法是,将 Z 轴移动到安全高度,再放心地执行 G00 指令。

快移速度可由面板上的快速修调旋钮修正。若 X、Y、Z 轴预设的移动速度为 3000mm/min,而快速修调旋钮调整方式如下表 3-1 所示:

表 3-1 "快速进给"旋钮调整方式

序号	倍率	移动方式
1	100%	以最快速度 3000mm/min 移动
2	50%	以 1500mm/min 移动
3	25%	以 750mm/min 移动
4	0	此时由参数设定(大多设定为 400mm/min)

【例 3-5】 如图 3-10 所示,使用 G00 编程:要求刀具从 A 点快速定位到 B 点。

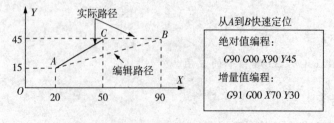

图 3-10 G00 编程

当 X 轴和 Y 轴的快进速度相同时,从 A 点到 B 点的快速定位路线为 A—C—B,即以折线的方式到达 B 点,而不是以直线方式从 A—B。

只要是非切削的移动,通常使用 G00 指令,如由机床原点快速定位至切削起点,切削

完成后的 Z 轴退刀及 X 轴、Y 轴的定位等，以节省加工时间。

二、直线插补（G01 指令）

格式：G01 X　Y　Z　F　；

说明：X、Y、Z：直线插补进给终点，在 G90 时为终点在工件坐标系中的坐标；在 G91 时为终点相对于起点的位移量；

F：合成进给速度。

G01 指令使当前的插补状态成为直线插补，刀具从当前位置移动到指定的位置，其轨迹是一条直线，F 指定了刀具沿直线运动的速度，单位为 mm/min（X 轴、y 轴、Z 轴）。该指令是我们最常用的加工指令之一。

G01 指令刀具以联动的方式，按 F 规定的合成进给速度，从当前位置按线性路线（联动直线轴的合成轨迹为直线）移动到程序段指令的终点。

G01 是模态代码，可由 G00、G02、G03 或 G33 功能注销。

【例 3-6】　如图 3-11，假设当前刀具所在点为 X l0 Y10 ，编辑从 A—B 点的程序；

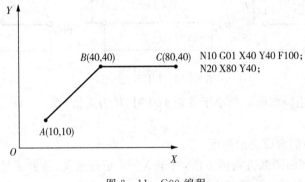

图 3-11　G00 编程

由此可知，程序段 N20 并没有指令 G01，由于 G01 指令为模态指令，所以 N10 程序段中所指令的 G01 在 N20 程序段中继续有效；同样地，指令 F100 在 N20 段也继续有效，即刀具沿两段直线的运动速度都是 100mm/min。

三、圆弧插补（G02/G03 指令）

格式：

$X-Y$ 平面　　$G17 \begin{Bmatrix} G02 \\ G03 \end{Bmatrix} X\_Y\_ \begin{Bmatrix} R\_ \\ I\_J\_ \end{Bmatrix} F\_;$

$X-Z$ 平面　　$G18 \begin{Bmatrix} G02 \\ G03 \end{Bmatrix} X\_Y\_ \begin{Bmatrix} R\_ \\ I\_J\_ \end{Bmatrix} F\_;$

$Y-Z$ 平面　　$G19 \begin{Bmatrix} G02 \\ G03 \end{Bmatrix} X\_Y\_ \begin{Bmatrix} R\_ \\ I\_J\_ \end{Bmatrix} F\_;$

说明：

G02：顺时针圆弧插补；

G03：逆时针圆弧插补；

G17：指定 X−Y 平面上的圆弧插补；

G18：指定 X−Z 平面上的圆弧插补；

G19：指定 Y−Z 平面上的圆弧插补；

X、Y、Z：圆弧终点，在 G90 时为圆弧终点在工件坐标系中的坐标；在 G91 时为圆弧终点相对于圆弧起点的位移量；

I、J、K：圆心相对于圆弧起点的偏移值（等于圆心的坐标减去圆弧起点的坐标，如图 3−12 所示），在 G90/G91 时都是以增量方式指定；

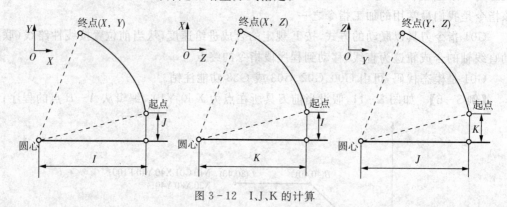

图 3−12 I、J、K 的计算

R：圆弧半径，当圆弧圆心角小于等于 180°时，R 为正值，否则 R 为负值；

F：圆弧进给的的合成进给速度。

在这里，我们判断圆弧方向的方法，对于 X−Y 平面来说，是由 Z 轴的正向往 Z 轴的负向看 X−Y 平面所看到的圆弧方向；同样，对于 X−Z 平面或 Y−Z 平面来说，观察的方向则应该是从 y 轴或 X 轴的正向到 y 轴或 X 轴的负向（如图 3−13 所示）。

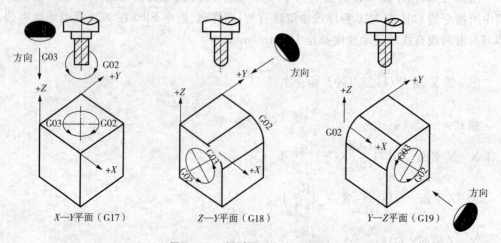

图 3−13 判别圆弧方向示意图

由上述可知,圆弧插补程序有着两种不同的编程方式,一种是采用圆弧半径和圆弧终点坐标值进行编程,另一种则是根据圆弧终点坐标和圆心坐标进行编程。

【例3-7】 请采用不同的编程方式编写如图1-6所示刀具从 A 点到 B 点的加工程序。

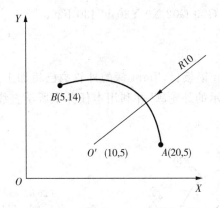

半径编程: G17 G03 X5 Y14 R10 F100;

向量编程: G17 G03 X5 Y14 I-10 J0 F100;

图 3-14 A—B 圆弧

对一段圆弧进行编程,半径编程是指用给定半径和终点位置的方法对一段圆弧进行编程,用地址 R 来给定半径值,R 的值有正负之分,一个正的 R 值用来编程一段小于或等于180°的圆弧,一个负的 R 值编程的则是一段大于或等于180°的圆弧。除了半径编程方法,还可以用给定终点位置和圆心位置的方法,也就是上例中的第二种编程方式,我们简称向量编程,程序中地址字 I、J 后的数据表示的是圆弧起点指向圆心的向量,数值的计算方法是用圆心的坐标减去圆弧起点的坐标的差值。

对于上例,$I=10-20=-10$,$J=5-5=0$;且当 I 或 J 后的数值为 0 时,该地址字可以省略,故上程序段也可写为 G03 X5 Y14 I-10 F100;

注意:(1)G17 在机床上处于缺省状态,所以在上述程序中可省略;

(2)在编程加工一个整圆时,只能使用给定终点和向量的方式。

【例3-8】 使用圆弧指令对图3-15所示劣弧 a 和优弧 b 进行编程。

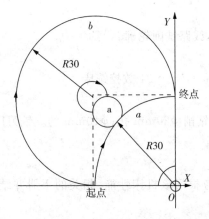

图 3-15 圆弧编程

圆弧 *a*：

G91 G02 X30 Y30 R30 F200

G91 G02 X30 Y30 I30 J0 F200

G90 G02 X0 Y30 R30 F200

G90 G02 X0 Y30 I30 J0 F200

圆弧 *b*：

G91 G02 X30 Y30 R−30 F200

G91 G02 X30 Y30 I0 J30 F200

G90 G02 X0 Y30 R−30 F200

G90 G02 X0 Y30 I0 J30 F200

【相关实践】

下图为毛坯为 120mm×60mm×10mm 铝板材,5mm 深的外轮廓已粗加工过,周边预留 2mm 余量,要求加工出如图 3-16 所示的外轮廓,并利用本任务中所学直线及圆弧试编写加工程序。

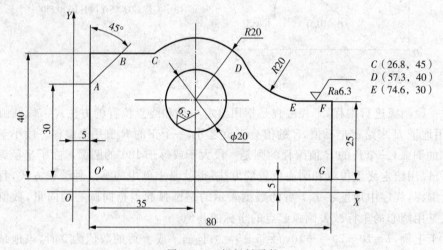

图 3-16 铝板材零件

1. 根据图纸要求,确定工艺方案及加工路线

(1)以底面为定位基准,两侧用压板压紧,固定于铣床工作台上。

(2)工步顺序：

a. 钻 ϕ20mm 孔；

b. 按 $OABCDEFGO'$,线路铣削轮廓。

2. 选用机床

选用经济型华中世纪星 HNC−21 数控铣床。

3、选择刀具

采用 ϕ20mm 的钻头,钻削 ϕ20mm 孔；ϕ10mm 的立铣刀用于轮廓的铣削,并把该刀具的直径输入刀具参数表中。

4. 确定切削用量

切削用量的具体数值应根据该机床性能、相关的手册并结合实际经验确定,详见加工程序。

5. 确定工件坐标系和对刀点

在 XOY 平面内确定以 O 点为工件原点,Z 方向以工件上表面为工件原点,建立工件坐标系,如图 3-16 所示。采用手动对刀方法对刀。

6. 编写加工程序

按该机床规定的指令代码和程序段格式,把零件的外轮廓加工过程编写成如下程序。

%1234　　　　　　　　铣轮廓程序(手工安装好 φ10mm 立铣刀)

G54 G90 G40 G49

G43 G00 Z5 H01;

G41 D01 X5 Y-10;

G01 Z-5 F150;

G01 Y35;

G01 X15 Y45;

G01 X26.8;　　　　　C 点

G02 X57.3 Y40 R20;　D 点

G03 X74.6 Y30 R20;　E 点

G01 X85;

G01 Y5;

G01 X-5;

G40 G00 Zl00;

M05;

M30;

7. 零件加工

任务四　数控铣床编程中的刀具补偿指令

【学习目标】

掌握 G40、G41、G42、G43、G44、G49 指令的应用。

【工作任务】

掌握 G40、G41、G42 半径补偿指令的格式及应用;
掌握 G43、G44、G49 长度补偿指令的格式及应用。

【相关知识】

一、刀具半径补偿(G40、G41、G42 指令)

使用数控铣床或加工中心机床进行内、外轮廓的铣削时,为了编写程序方便,我们希望能够以工件图上的尺寸为程序路径,再利用补偿指令,命令刀具向右或向左补正一个刀具半径值,如图 3-17 所示,这样就不必每次都要计算刀具中心的坐标值。在机床上,G41 或 G42 指令能够使刀具中心在编程轨迹的法线方向上距离编程轨迹的距离始终等于刀具的半径。

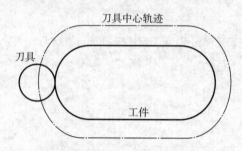

图 3-17　刀具半径补偿示意图

1. 刀具半径补偿指令格式及其中各代码含义:

G17　G40　G00

格式:　G18　G41　　　　X_Y_Z_D_

G19　G42　G01

说明:

G40:取消刀具半径补偿;

G41:左刀补(在刀具前进方向左侧补偿),

G42:右刀补(在刀具前进方向右侧补偿),

G17:刀具半径补偿平面为 XY 平面;

G18:刀具半径补偿平面为 XZ 平面;

G19:刀具半径补偿平面为 YZ 平面;

X、Y、Z:G00 和 G01 的参数,即刀补建立或取消的终点(注:投影到补偿平面上的刀具轨迹受到补偿);

D:G41/G42 的参数,即刀补号码(D00～D99),它代表了刀补表中对应的半径补偿值。

在 G41 或 G42 指令中,位址 D 指定了一个补偿号,每个补偿号对应一个补偿值。补偿号的取值范围为 0～200。和长度补偿一样,D00 意味着取消半径补偿,取消半径补偿的另外一种方法是使用 G40。补偿值的取值范围和长度补偿相同。

2. 刀补方向的判别

刀具半径补偿方向判别方法如下:沿着刀具进给路径,向铣削前进的方向观察,铣刀在工件的右侧,用 G42 指令;反之,用 G41 指令,如图 3-18 所示:

刀具补偿的建立是在该程序段的终点也就是下一个程序段的起点作出一个偏置量,大小等于 D_ 中制定的数值,一般这个值为刀具的半径值,补偿方向由 G41/G42 规定。取消刀补是在上一个程序段的终点,也就是本段的起点作出一个偏置量,大小等于 D_ 中制定的数值,方向由 G41/G42 规定。

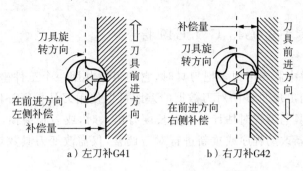

a) 左刀补G41　　　　b) 右刀补G42

图 3-18　左右刀补方向判别示意图

【例 3-9】　如图 3-19 所示,假设刀具起始位置在 X0 Y0 Z0,刀具补偿值存放在 D01 地址中,请编辑其加工程序。

%1234
G54 G90 G41 G01 X20 Y15 D01;建立刀补
Y50;
X50;
Y20;
X15;
G40 G00 X0 Y0;　　　　　取消刀补
G00 Z100;
……

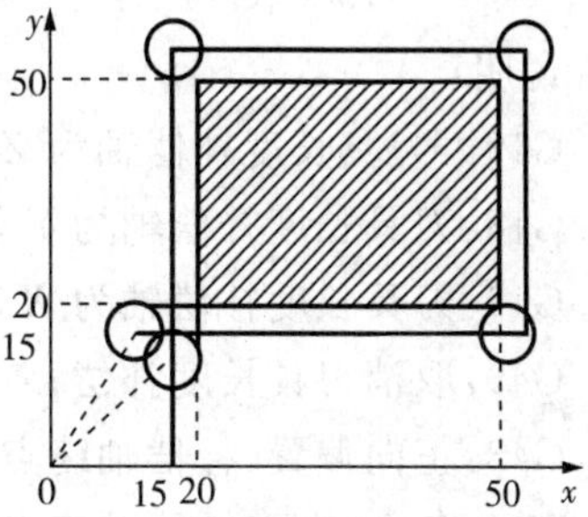

图 3-19　刀补的建立和取消

【注意事项】

(1)刀具半径补偿平面的切换必须在补偿取消方式下进行;

(2)G40、G41、G42 都是模态代码,可相互注销。

(3)刀具半径补偿指令不能和 G02、G03 一起使用,只能与 G00 或 G01 一起使用,且接下来的两个程序段中不能都是 Z 轴的移动,或者刀具不移动,否则会产生过切。

(4)补正值的正负号改变时,G41 及 G42 的补正方向会改变。如 G41 指令给予正值时,其补正向左;若给予负值时,其补正会向右(同理于 G42)。故一般键入正值(即铣刀半径值)较合理。

(5)刀具处于半径补偿状态,若加入 G28,G29,G92 指令,当这些指令被执行时,补正状态将暂时被取消,但是控制系统仍记忆着此补正状态,因此于执行下一单节时,又自动恢复补正状态。

(6)使用 G40 的时机,最好是铣刀已远离工件。

(7)在补正状态下,铣刀的直线移动量及内侧圆弧切削的半径值要大于等于铣刀半径,否则补正向量产生干涉,会发生过切,故控制器命令停止执行,且显示报警信号。

二、刀具长度补偿(G43、G44、G49 指令)

当在一个程序中需要用到多把刀具时,它们可以共用一个工件坐标系(如 G54),因刀具长短的不同而出现的 Z 向对刀数据的差距可以使用刀具长度补偿功能来修正。另外,当实际使用刀具与编程时估计的刀具长度有出入时,或刀长磨损后导致 Z 向加工不到位时,亦可不重新改动程序或重新进行对刀调整,仅需改变刀具数据库中刀具长度补偿量即可。

1. 刀具长度补偿指令格式及其中各代码含义:

$$格式:\begin{Bmatrix} G17 \\ G18 \\ G19 \end{Bmatrix} \begin{Bmatrix} G49 \\ G43 \\ G44 \end{Bmatrix} \begin{Bmatrix} G00 \\ G01 \end{Bmatrix} X\_Y\_Z\_D\_$$

说明:

G17:刀具长度补偿轴为 Z 轴;

G18:刀具长度补偿轴为 Y 轴;

G19:刀具长度补偿轴为 X 轴;

G49:取消刀具长度补偿;

G43:正向偏置(补偿轴终点加上偏置值);

G44:负向偏置(补偿轴终点减去偏置值);

X、Y、Z:G00/G01 的参数,即刀补建立或取消的终点;

H:G43/G44 的参数,即刀具长度补偿偏置号(H00~H99),它代表了刀补表中对应的长度补偿值。

2. 刀具长度补偿的相关计算

在 G17 的情况下,刀长补偿 G43、G44 只用于 Z 轴的补偿,而对 X 轴和 Y 轴无效;格式中,Z 值是属于 G00 或 G01 的程序指令值,同样有 G90 和 G91 两种编程方式。H 为刀具长度补偿号,它后面的两位数字是刀具补偿寄存器的地址号,如 H01 是指 01 号寄存器,在该寄存器中存放刀具长度的补偿值。刀长补偿号可用 H00~H99 来指定。

如图 3-20 所示:

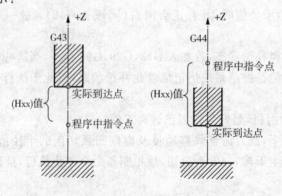

图 3-20 刀具长度补偿

执行 G43 时，Z 实际值＝Z 指令值＋(Hxx)

执行 G44 时，Z 实际值＝Z 指令值－(Hxx)

其中，(Hxx)是指 XX 寄存器中的补偿量，其值可以是正值或者是负值。当刀长补偿量为负数时，G43 和 G44 的功效将互换。

刀具长度补偿指令通常用在下刀及提刀的直线段程序 G00 或 G01 中，使用多把刀具时，通常是每一把刀具对应一个刀长补偿号，下刀时使用 G43 或 G44，该刀具加工结束后提刀时使用 G49 取消刀长补偿。

【例 3－10】 如图 3－21 所示，钻一深 20mm 孔，设 H01 中补偿值为 200mm，编程如下：

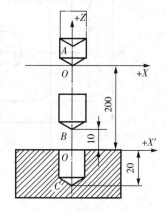

图 3－21 刀长补偿实例

%123

...

G54 G90 G00 X0 Y0 刀具在程序零点

G44 Z10 H01 实际移动距离为 190mm

G01 Z－20 加工到 C 点

G00 Z10 返回 B 点

G49 G00 Z0 刀具返回 O 点

...

【注意事项】

(1)G43 或 G44 是模态指令，H_指定的补偿号也是模态的，使用这条指令，编程人员在编写加工程序时就可以不必考虑刀具的长度而只需考虑刀位点的位置即可。刀具磨损或损坏后更换新的刀具时也不需要更改加工程序，可以直接修改刀具补偿值。

(2)使用 G43 或 G44 进行长度补偿时，必须包含 Z 轴的移动，如果只有其他坐标轴而没有 Z 轴的移动，机床就会出现报警画面。

(3)若对刀时没有建立基准刀具，而是通过长度补偿来设定工件坐标系中的 Z 值，即建立工件坐标指令 G54 时工件坐标系中的 Z 值为 0，则不要取消长度补偿，使用 G49；否则会撞刀，发生损坏主轴的情况，对于初学者而言应尤其注意。

【相关实践】

毛坯为 70mm×7 0mm×18mm 板材，六面均已粗加工过，用数控铣铣出如图 3－23 所示的槽，工件材料为 4 5 钢，要求分粗精加工，试编写加工程序。

1. 根据图样要求、毛坯及前道工序加工情况，确定工艺方案及加工路线

(1)以已加工过的底面为定位基准，用通用台虎钳夹紧工件前后两侧面，台虎钳固定于铣床工作台上。

(2)工步顺序：

a. 铣刀先走圆轨迹，再加工 50mm×50mm 圆角倒圆的正方形槽；

b. 粗加工一次切深为 4mm，一次加工完成。

C. 精加工圆台、方槽及底面,余量为 0.1mm。

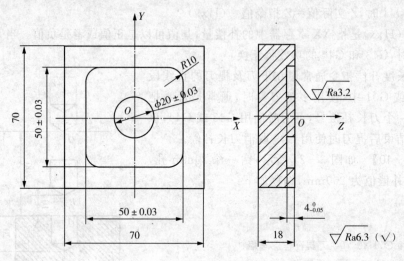

图 3-23　铣槽加工举例

2. 选择机床设备

根据零件图样要求,选用经济型数控铣床即可达到要求。故选用华中 HNC-21M 系统的 XK714 型数控立式铣床。

3. 选择刀具

采用 ϕ10mm 的键槽铣刀,并把该刀具直径输入到 D01 中,刀具长度输入到 H01 中,考虑到要分粗精加工,并且精加工余量为 0.1mm,所以 D01=10.2,H01=0.1。

4. 确定切削用量

切削用量的具体数值应根据该机床性能、相关的手册并结合实际经验确定,详见加工程序。

5. 确定工件坐标系和对刀点

以工件中心为编程原点,Z 方向以工件上表面为工件原点,建立工件坐标系,如图 3-23 所示。采用手动对刀方法对刀。

6. 编写加工程序

%1234

G54 G90 G40 G49 G00 Z50

M03 S1000

G00 X17 Y0

M08

G43 G00 Z3 H01　　　　　　　　　引入长度补偿 H01

G01 Z-4 F20

G41 G01 X10 Y0 D01 F80　　　　　引入半径补偿 D01

G02 I-10　　　　　　　　　　　　粗加工圆台

G40 G01 X17 Y0　　　　　　　　　取消半径补偿

G41 X25 Y0 D01　　　　　　　　　引入半径补偿

G01 Y15 　　　　　　　　　　　　粗加工圆角方槽

G03 X15 Y25 R10

G01 X－15

G03 X－25 Y15 R10

G01 Y－15

G03 X－15 Y－25 R10

G01 X15

G03 X25 Y－15 R10

G01 Y0

G40 X17 Y0 取消半径补偿

G01 Z3

G49 G00 Z50 　　　　　　　　　　　取消长度补偿

M05

M08

M30 程序结束并返回

7. 精加工

粗加工结束,通过量取粗加工尺寸后,确定尺寸误差,计算出精加工需要的偿值,输入到机床的 D01 和 H01 当中,适当修改程序中的加工参数,重新运行上述程序即完成零件的精加工。

例如,假设粗加工后测量圆台尺寸为 10.22mm,则应修改 D01 当中的数值由原来的 10.2mm 改为 9.98mm,则精加工后,圆台尺寸能满足尺寸要求。

任务五　数控铣床编程中的孔加工固定循环指令

【学习目标】　掌握 G73,G74,G76,G80~G89 指令的应用

【工作任务】

掌握 G73,G74,G76,G80~G89 指令的格式及应用

【相关知识】

一、孔加工固定循环(G73,G74,G76,G80~G89 指令)

在数控加工中,某些加工动作循环已经典型化。例如,钻孔、镗孔的动作是孔位平面定位、快速引进、工作进给、快速退回等,这样一系列典型的加工动作已经预先编好程序,存储在内存中,可用称为固定循环的一个 G 代码程序段调用,从而简化编程工作。

孔加工固定循环指令有 G73,G74,G76,G80~G89,通常由下述 6 个动作构成(如图 3-24 所示):

(1) X、Y 轴定位;

(2) 定位到 R 点;

(3) 孔加工;

(4) 在孔底的动作;

(5) 退回到 R 点(参考点);

(6) 快速返回到初始点。

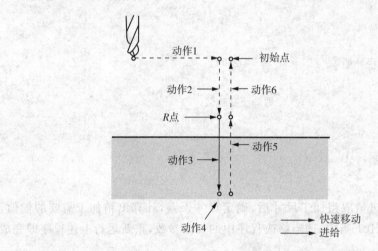

图 3-24 孔加工固定循环动作

固定循环的数据表达形式可以用绝对坐标(G90)和相对坐标(G91)表示,如图 3-25 所示 G90/G91 对孔加工固定循环的影响。

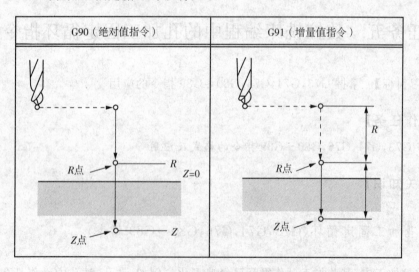

图 3-25 G90/G91 方式下孔加工固定循环动作

G98/G99 决定固定循环在孔加工完成后返回 R 点还是起始点,在 G98 模式下,孔加工完成后 Z 轴返回起始点;在 G99 模式下则返回 R 点,如图 3-26 所示。

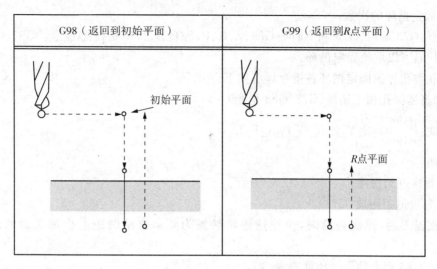

图 3-26 G98/G99 动作

一般来说,如果被加工的孔在一个平整的平面上,我们可以使用 G99 指令,因为 G99 模态下返回 R 点进行下一个孔的定位,而一般编程中 R 点非常靠近工件表面,这样可以缩短零件加工时间;但如果工件表面有高于被加工孔的凸台或筋板时,使用 G99 时很有可能使刀具和工件发生碰撞,这时,就应该使用 G98,使 Z 轴返回初始点后再进行下一个孔的定位,这样就比较安全。

【注意事项】

固定循环的程序格式包括数据形式、返回点平面、孔加工方式、孔位置数据、孔加工数据和循环次数。数据形式(G90 或 G91)在程序开始时就已指定,因此,在固定循环程序格式中可不注出。

1. 孔加工固定循环指令格式:

格式:$\begin{cases} G98 \\ G99 \end{cases}$ G_X_Y_Z_R_Q_P_I_J_K_F_L_;

说明:

G98:返回初始平面;

G99:返回尺点平面;

G_:固定循环代码 G73,G74,G76 和 G81~G89 之一;

X、Y:加工起点到孔位的距离(G91)或孔位坐标(G90);

R:初始点到尺点的距离(G91)或尺点的坐标(G90);

Z:尺点到孔底的距离(G91)或孔底坐标(G90);

Q:每次进给深度(G73/G83);

I、J:刀具在轴反向位移增量(G76/G87);

P:刀具在孔底的暂停时间;

F:切削进给速度;

L:固定循环的次数。

注意:G73、G74、G76 和 G81～G89、Z、R、P、F、Q、I、J、K 是模态指令。G80、G01～G03 等代码可以取消固定循环。

钻孔类孔加工固定循环各指令详解如下:

(1)高速深孔加工循环(G73/G83 指令)

格式:$\begin{cases} G98 \\ G99 \end{cases}$ G_X_Y_Z_R_Q_P_K_F_L_;

说明:

Q:每次进给深度;

K:每次退刀距离(G73)。

每次退刀后,再次进给时,由快速进给转换为切削进给时距上次加工面的距离。(G83)

G73/G83 指令动作循环见图 3-27

G73/G83 用于 Z 轴的间歇进给,使深孔加工时容易排屑,减少退刀量,可以进行高效率的加工。所谓深孔,一般是指孔深 h 与孔直径 d 之比大于 3 的孔。但从便于排屑的角度考虑,有的时候孔深没有达到所说的深孔,也采用深孔加工指令进行加工。

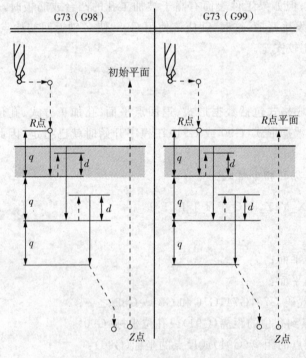

图 3-27　G73/G83 深孔钻指令动作

G83 与 G73 的区别在于:G73 每次以进给速度钻出 Q 深度后,快速抬高 $Q+d$,再由此处以进给速度钻孔至第二个 Q 深度,依次重复,直至完成整个深孔的加工;而 G83 则是在每次进给钻进一个 Q 深度后,均快速退刀至安全平面高度,然后快速下降至前一个 Q 深度之上 d 处,再以进给速度钻孔至下一个 Q 深度。

注意:当 Z、K、Q 移动量为零时,该指令不执行。

【例 3-11】 如图 3-28 所示:使用 G73 指令编制深孔加工程序:设刀具起点距工件上表面 42mm,距乳底 80mm,在距工件上表面 2mm 处(R 点)由快进转换为工进,每次进给深度 10mm,每次退刀距离 5mm。

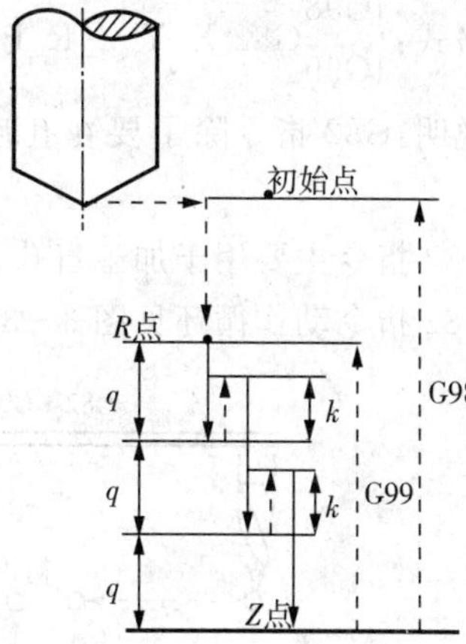

程序如下:

```
%1234
G92 X0 Y0 Z80
G00 G90 G98 M03 S600
G73 X100 R40 P2 Q-10 K5 Z0 F200
G00 X0 Y0 Z80
M05
M30
```

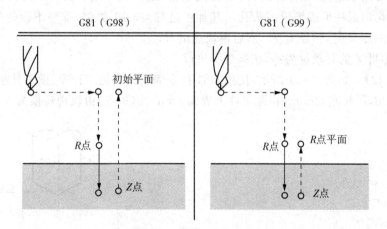

图 3-28 G73 编程应用

(2)普通钻孔循环(G81 指令)

格式: $\begin{cases} G98 \\ G99 \end{cases} G\_ X\_Y\_Z\_R\_F\_L\_;$

说明:G81 钻孔动作循环,包括 X、Y 坐标定位、快进、工进和快速返回等动作。

G81 指令动作循环如图 3-29 所示

图 3-29 G81 钻孔循环动作

G81 主要用于定位孔和一般浅孔加工,加工过程如图 3-29 所示。刀具在当前初始平面高度快速定位至孔中心 X_Y_;然后沿 Z 的负向快速降至安全平面 R_的高度;再以进给速度 F 下钻,钻至孔深 Z_后,快速沿 Z 轴的正向退刀。

注意:如果 Z 的移动量为零,该指令不执行。

（3）锪孔钻削循环（G82 指令）

格式：$\begin{cases} G98 \\ G99 \end{cases}$ G82 X_Y_Z_R_P_F_L；

说明：G82 指令除了要在孔底暂停外，其他动作与 G81 相同。暂停时间由地址 P 给出

G82 指令主要用于加工盲孔，以提高孔深精度。

G82 指令动作循环见图 3-30

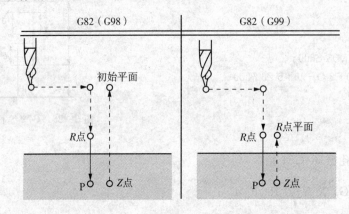

图 3-30 G82 锪孔钻削循环动作

G82 主要用于锪孔。所用刀具为锪刀或锪钻，是一种专用刀具，用于对已加工的孔刮平端面或切出圆柱形或锥形沉头孔。其加工过程与 G81 类似，唯一不同的是，刀具在进给加工到深度 Z 时，暂停 P_秒，然后再快速退刀。

注意：如果 Z 的移动量为零，该指令不执行。

【例 3-12】 如图 3-31 所示，使用 G81 指令编制钻孔加工程序：设刀具起点距工件上表面 42mm，距孔底 50mm，在距工件上表面 2mm 处（R 点）由快进转换为工进。

程序如下：

```
%1234
G92 X0 Y0 Z50
G00 G90 G98 M03 S600
G73 X100 R10 Z0 F200
G00 X0 Y0 Z50
M05
M30
```

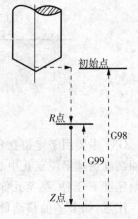

图 3-31 G81 编程

（4）正/反攻丝循环（G84/G74 指令）

格式：$\begin{cases} G98 \\ G99 \end{cases}$ G_X_Y_Z_R_P_F_L；

说明：G84 攻螺纹时从 R 点到 Z 点主轴正转，在孔底暂停后，主轴反转，然后退回。G74 攻反螺纹时主轴反转，到孔底时主轴正转，然后退回。

G74、G84 指令动作循环见图 3-32。

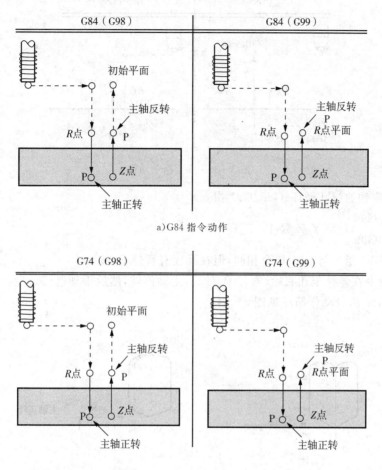

a)G84 指令动作

b)G74 指令动作

图 3-32　G84/G74 正/反攻丝循环指令动作

【注意事项】

① 攻丝时速度倍率、进给保持均不起作用；

② 尺应选在距工件表面 7mm 以上的地方；

③ 如果 Z 的移动量为零，该指令不执行。

（5）镗孔循环（G85/G86 指令）

格式：$\begin{cases} G98 \\ G99 \end{cases}$ G_ X_ Y_ Z_ R_ F_ L_ ；

说明：

由于 G85 指令与 G84 指令相同，只是在孔底时主轴不反转。G86 指令与 G81 指令格式相同，但在孔底时主轴停止，然后快速退回。

G85 指令动作循环见图 3-33。

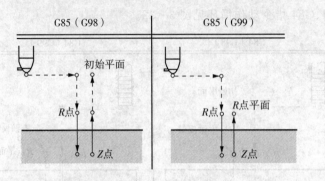

图 3 - 33　G85 指令动作

（6）带停顿的镗孔循环（G88/G89 指令）

格式：$\begin{cases} G98 \\ G99 \end{cases}$ G_X_Y_Z_R_P_ F_L_ ；

说明：G89 指令与 G86 指令相同，但在孔底有暂停 P_秒。

G88 指令在镗孔至孔底后，暂停 P_秒后，主轴停转，然后手动退刀。

G88、G89 指令动作循环见图 3 - 34。

暂停

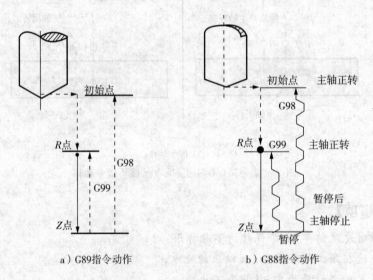

a）G89指令动作　　　　　b）G88指令动作

图 3 - 34　G88/G89 循环指令动作

（7）精镗循环（G76 指令）

格式：$\begin{cases} G98 \\ G99 \end{cases}$ G76 X_Y_Z_R_P_Q_F_L_；

说明：

Q：刀具横向移动位移量；

G76 精镗时，主轴在孔底定向停止后，向刀尖反方向移动，然后快速退刀。这种带有让刀的退刀不会划伤已加工平面，保证了镗孔精度。

G76 指令动作循环见图 3 - 35；

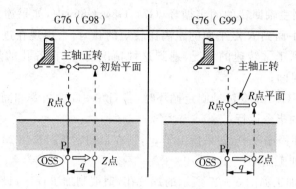

图 3 - 35　G76 精镗孔循环指令动作

注意：精镗循环与粗镗循环的区别是：刀具镗至孔底后，主轴定向停止，并反刀尖方向偏移，使刀具在退出时刀尖不致划伤精加工孔的表面。其固定循环动作如图 3 - 35 所示，X、Y 轴定位后，Z 轴快速运动到 R 点，再以 F 给定的速度进给到 Z 点，然后主轴定向并向给定的方向移动一段距离，再快速返回初始点或 R 点，返回后，主轴再以原来的转速和方向旋转。在这里，孔底的移动距离由孔加工参数 Q 给定，Q 始终应为正值，移动的方向由机床参数给定。如果 Z 的移动量为零，该指令不执行。

（8）反镗孔循环（G87 指令）

格式：$\begin{cases} G98 \\ G99 \end{cases}$ G76 X_Y_Z_R_P_I_J_F_L；

说明：Q：刀具横向移动位移量；

G87 指令动作循环见图 3 - 36；

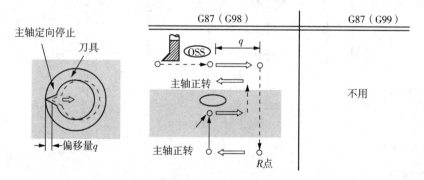

图 3 - 36　G87 反镗孔循环指令动作

注意：G87 反镗孔循环指令只能用 G98 返回初始点。

（9）取消固定循环（G80 指令）

指令格式：G80

说明：该指令能取消固定循环，同时 R 点和 Z 点也被取消。

在使用固定循环时应注意以下几点：

① 在固定循环指令前应使用 M03 或 M04 指令使主轴回转；

② 在固定循环程序段中，X、Y、Z、R 数据应至少指令一个才能进行孔加工；

③ 在使用控制主轴回转的固定循环（G74、G84、G86）中，如果连续加工一些孔间距比较小，或者初始平面到 R 点平面的距离比较短的孔时，会出现在进入孔的切削动作前时，主轴还没有达到正常转速的情况，遇到这种情况时，应在各孔的加工动作之间插入 G04 指令，以获得时间；

④ 当用 G00～G03 指令注销固定循环时，若 G00～G03 指令和固定循环出现在同一程序段，按后出现的指令运行；

⑤ 在固定循环程序段中，如果指定了 M，则在最初定位时送出 M 信号，等待 M 信号完成，才能进行孔加工循环。

【例 3-13】 加工如图 3-37 所示的螺纹孔，请编制加工程序；设刀具起点距工作表面 100mm 处，切削深度为 10mm。

（1）先用 G81 钻孔

%1234
G92 X0 Y0 Z0
M03 S600
G91 G99 G81 X40 Y40 G90 R-98 Z-110 F200

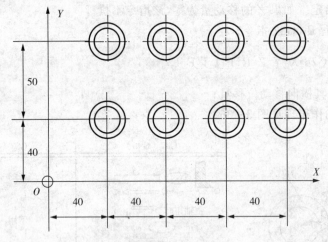

图 3-37 攻螺纹加工

G91 X40 L3
Y50
X-40 L3
G90 G80 X0 Y0 Z0 M05
M30

（2）再用 G84 攻丝

%123
G92 X0 Y0 Z0
M03 S600

G91 G99 G84 X40 Y40 G90 R－93 Z－110 F100

G91 X40 L3

Y50

X－40 L3

G90 G80 X0 Y0 Z0 M05

M30

【相关实践】

利用孔加工固定循环指令编制如图 3-37 所示工件的加工程序。

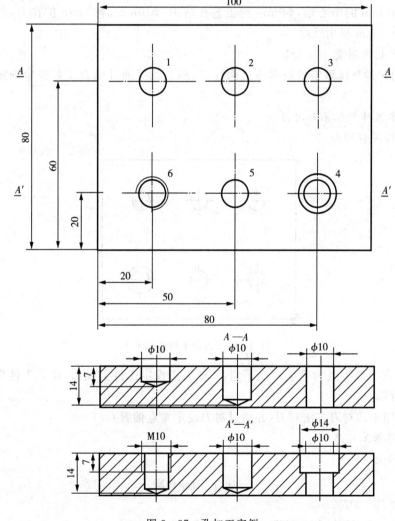

图 3-37　孔加工实例

1. 确定工艺方案加路线

根据图样,选择毛坯 80mm×100mm,板厚 15mm,45 钢,确定工艺方案及加工路线。

(1)以已加工过的底面为定位基准,用通用台虎钳夹紧工件前后两侧面,台虎钳固定于铣床工作台上。

(2)工步顺序:

a. 按顺序 1~6 打中心孔;

b. 钻工艺孔。

C. 按图纸要求进行扩孔,铰孔,攻丝。

2. 选择机床设备

根据零件图样要求,选用经济型数控铣床即可达到要求。故选用华中 HNC－21M 系统的 XK714 型数控立式铣床。

3. 选择刀具

采用 ϕ5mm 的中心钻,ϕ9mm 的工艺孔钻头,ϕ10mm,ϕ14mm 扩孔刀,ϕ10mm 铰刀,M10×1.5mm 机用丝攻。

4. 确定切削用量

切削用量的具体数值应根据该机床性能、相关的手册并结合实际经验确定,详见加工程序。

5. 确定工件坐标系和对刀点

(1)选择编程原点

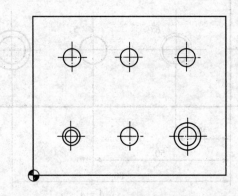

图 3－38　确定工件坐标系

(2)确定工件零点为毛坯料左下角,Z 轴零点设定工件上表面,建立工件坐标系,如图 3－28 所示。

(3)采用手动对刀方法对刀,并通过对刀设定零点偏置 G54。

6. 编写加工程序

%10 钻中心孔

G54G80;　　　　　　　　　　　　建立工件坐标系

G90 G00 Zl00 S1200 M03

G99 G81 X20 Y60 Z－3 R2 F100;　　钻 1 号中心孔

X50;　　　　　　　　　　　　　钻 2 号中心孔

X80;　　　　　　　　　　　　　钻 3 号中心孔

Y20;　　　　　　　　　　　　　钻 4 号中心孔

X50；	钻 5 号中心孔
X20；	钻 6 号中心孔
G00 ZI00；	刀具上移至安全位置
M05；	主轴停止
M02；	程序结束

%11 钻工艺孔

G99 G83 X20 Y60 Z－7 R2 Q2 FI00；	钻 1 号工艺孔
X50 Z－14；	钻 2 号工艺孔
X80 Z－20；	钻 3 号工艺孔
Y20 Z－20	钻 4 号工艺孔
X50 Z－14；	钻 5 号工艺孔
X20 Z－14；	钻 6 号工艺孔
G00 ZI00；	刀具上移至安全位置
M05；	主轴停止
M02；	程序结束

%20 铰孔程序

M03 S650；	主轴正转
G99 G83 X20 Y60 2－7 R2 Q2 F80；	铰 1 号孔至尺寸
X50 Z－14；	铰 2 号孔至尺寸
X80 Z－20；	铰 3 号孔至尺寸
Y20 Z－20；	铰 4 号孔至尺寸
X50 Z－14；	铰 5 号孔至尺寸
X20 Z－14；	铰 6 号孔至尺寸
G00 ZI00；	刀具上移至安全位置
M05；	主轴停止
M02；	程序结束

%30 攻螺纹程序

M03 SI00；	主轴正转
G99 G74 X20 Y20 2－7 R2 F150；	攻 6 号孔螺纹
G00 ZI00；	刀具上移至安全位置
M05；	主轴停止
M02；	程序结束

%40 扩孔程序

M03 S600；	主轴正转
G99 G81 X80 Y20 2－7 R2 FI00	扩 4 号孔至尺寸
G00 ZI00；	刀具上移至安全位置
M05；	主轴停止
M30；	程序结束

7. 零件加工

任务六　数控铣床编程中子程序的运用

【学习目标】

掌握 M98、M99 指令的应用。

【工作任务】

掌握 M98、M99 指令的格式及应用。

【相关知识】

一、子程序的调用

加工程序分为主程序和子程序,当加工程序需要多次运行一段同样的轨迹时,可以将这段轨迹编成子程序存储在机床的程序内存中,每次在程序中需要执行这段轨迹时便可以调用该子程序。一般地,NC 执行主程序的指令,但当执行到一条子程序调用指令时,NC 转向执行子程序,在子程序中执行到返回指令时,再回到主程序。

当一个主程序调用一个子程序时,该子程序可以调用另一个子程序,这种情况,称为子程序的两重嵌套。一般机床可以允许最多达四重的子程序嵌套。在调用子程序指令中,可以指令重复执行所调用的子程序,可以指令重复最多达 999 次。

1. 子程序的格式

一个子程序应该具有如下格式。

O××××;　子程序号

…;　子程序内容

M99;　返回主程序

在程序的开始,应该有一个由地址 O 指定的子程序号;在程序的结尾,返回主程序的指令 M99 是必不可少的。M99 可以不必出现在一个单独的程序段中,作为子程序的结尾,这样的程序段也是可以的:

G90 G00 X0 Y100. M99;

在主程序中,调用子程序的程序段应包含如下内容:

M98 P_ _ _ _×××× ;

P_ _ _ ××××表示子程序调用情况。P 后共有 8 位数字,前四位为调用次数,省略时为调用一次;后因位为所调用的子程序号。例如

M98 P51002;调用 1002 号子程序,重复 5 次。

M98 P1002;　调用 1002 号子程序,重复 1 次。

M98 P50004;调用 4 号子程序,重复 5 次。

2. 执行方法和顺序

子程序调用指令可以和运动指令出现在同一程序段中。例如 G90 G00 X－75. Y50. 253. M98 P40035；该程序段指令 X、Y、Z 三轴以快速定位进给速度运动到指令位置，然后调用执行 4 次 35 号子程序。

包含子程序调用的主程序，程序执行顺序如下：

```
00001;            00002;              00003;
N10 G90 G54;     N10 G91 G01 Z－5.0; N10 G91 G01 Z－5.0;
N20 M03 S500;    N20 G01 X－5.0;     N20 G01 X－5.0;
…                N30 M98 P0003;     …
N50 M98 P0002;   …                  N40 G01 Z50.0;
N90 M30;         N50 M99;           N50 M99;
```

上述程序在执行过程中，最先执行 O0003 号程序的调用，再调用 O0002，最后执行 O0001 程序主程序。

【注意事项】

和其他 M 代码不同，M98 和 M99 执行时，不向机床侧发送信号。当 NC 找不到地址 P 指定的程序号时，发出报警。子程序调用指令 M98 不能在 MDI 方式下执行，如果需要单独执行一个子程序，可以在程序编辑方式下编辑如下程序，并在自动运行方式下执行。

×××× ；

M98 P×××× ；

M02（或 M30） ；

在 M99 返回主程序指令中，我们可以用地址 P 来指定一个顺序号，当这样的一个 M99 指令在子程序中被执行时，返回主程序后并不是执行紧接着调用子程序的程序段后的那个程序段，而是转向执行具有地址 P 指定的顺序号的那个程序段。

例如：

```
主程序           子程序
NI0…；          O1000;
N20…；          N1020…；
N30 M98 P1000;  N1030…；
N40…；          N1040…；
N50…；          N1050…；
N60…；          N1060…；
N70…；          N1070 M99 P60;
```

这种主－子程序的执行方式只有在程序内存中的程序能够使用。如果 M99 指令出现在主程序中，执行到 M99 指令时，将返回程序头，重复执行该程序。这种情况下，如果 M99 指令中出现位址 P，则执行该指令。

【例 3－14】　在如图 3－39 所示的钢板上钻削 16 个 φ10mm 的孔，试应用子程序编写加工程序。

%1000 主程序名

G54 G49 G40 G90 ;

G43 220 H01;至起始面,刀具长度补偿

S300 M03;　　　　　启动主轴

G00 XI00 YI00;定位到 1 号孔

M98 PI001;调用子程序加工 1 号、2 号、3 号、4 号孔

G90 G00 XI00 Y120;　定位到 5 号孔

M98 PI001;调用子程序加工 5 号、6 号、7 号、8 号孔

G90 G00 XI00 Y140;　定位到 9 号孔

M98 PI001;调用子程序加工 9 号、10 号、11 号、12 号孔

G90 G00 XI00 Y160;　定位到 13 号孔

M98 PI001;调用子程序加工 13 号、14 号、15 号、16 号孔

G90 G00 Z20 H00;　　撤销刀具长度补偿

X0 Y0;返回程序原点

M30;程序结束

%1001 子程序名

G99 G82 Z-35 R5;　　钻 1 号孔,返回 R 平面

G91 X20 L3;　　　　钻后续 2、3、4 号孔

M99;子程序结束

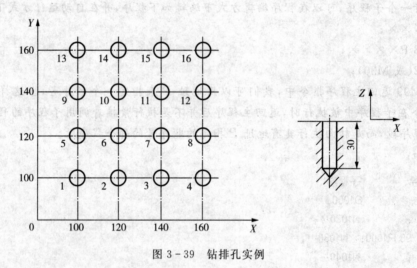

图 3-39　钻排孔实例

【相关实践】

　　铣削如图 3-40 所示工件上表面,去除毛坯 2mm,请利用子程序进行编程加工。

　　1. 根据图样,选择毛坯 80mm×100mm,板厚 12mm,45 钢,确定工艺方案及加工路线。

　　(1)以已加工过的底面为定位基准,用通用台虎钳夹紧工件前后两侧面,台虎钳固定于铣床工作台上。

　　(2)加工路线:采用横坐标平行行切法进行铣削加工,行间距取 25mm。如图 3-41所示。

2. 选择机床设备

根据零件图样要求,选用经济型数控铣床即可达到要求。故选用华中 HNC－21M 系统的 XK714 型立式数控铣床。

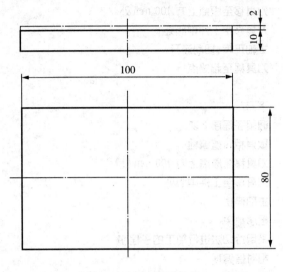

图 3-40　铣平面加工

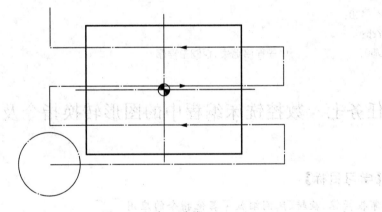

图 3-41　加工路线

3. 选择刀具

采用 $\phi 40$mm 的平底铣刀。

4. 确定切削用量

切削用量的具体数值应根据该机床性能、相关的手册并结合实际经验确定,详见加工程序。

5. 确定工件坐标系和对刀点

(1)选择编程原点。

(2)确定工件零点为毛坯料中心位置,Z 轴零点设定工件上表面,建立工件坐标系。

(3)采用手动对刀方法对刀,并通过对刀设定零点偏置 G54。

6. 编写加工程序

%2000

G90 G17 G21 G40 G49 G94;

G54 G00 ZI00;   刀具移至原点上方 100 mm 处

G00 X0 Y0;   刀具移至工件中心处

M03 S600 M07;   主轴正转,切削液开

G00 X－75 Y－45; 刀具移至起始点

Z5

G01 Z－2 F200;   下刀

M98 P0021 L2;   调用子程序 2 次

G90;   取消相对值编程

G00 ZI00;   刀具移至原点上方 100 mm 处

X0 Y0;   刀具移至工件中心处

M05;   主轴停止

M30;   程序结束

%0021;   采用行切法进行加工的子程序

G91;   相对值编程

X150;   切削加工

Y25;

X－150;

Y25;

M99;   子程序结束,返回主程序

任务七　数控铣床编程中的图形转换指令及其他指令

【学习目标】

掌握镜像、旋转、比例缩放等其他指令的应用。

【工作任务】

掌握 G24、G25 镜像指令的格式及应用;

掌握 G68、G69 旋转指令的格式及应用;

掌握 G50、G51 比例缩放指令的格式及应用;

掌握数控铣床其他指令的格式及应用。

【相关知识】

一、图形转换功能指令

在铣削加工当中,有很多时候我们加工的零件具有相对于某轴对称的形状,或者零件图形中的一部分零件外形可以通过对工件的一部分进行旋转,放大或缩小得到,这时,我们可以利用图形转换功能和子程序功能结合的方法,只对工件的一部分进行编程,就能加工出工件的整体。一般,图形转换功能包括镜像,缩放和旋转功能。

1. 镜像功能(G24、G25 指令)

格式:G24 X_Y_Z_A_

　　　M98 P_

　　　G25 X_Y_Z_A_

说明:G24:建立镜像;

　　　G25:取消镜像;

　　　X、Y、Z、A:镜像位置。

注意:当某一轴的镜像有效时,该轴执行与编程方向相反的运动。

G24、G25 为模态指令,可相互注销,G25 为缺省值。

【例 3 - 15】　使用镜像功能编制如图 3 - 42 所示轮廓的加工程序,设刀具起点距工件上表面 100mm,切削深度 5mm。

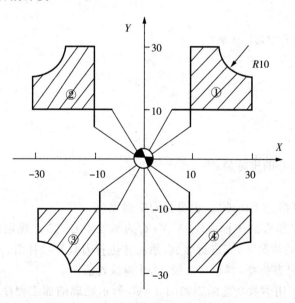

图 3 - 42　镜像加工

%0010;　　　主程序

```
G92 X0 Y0 Z0
G91 G17 M03 S600
M98 P100;          加工 ① 图形
G24 X0;            Y 轴镜像,镜像位置为 X＝0
M98 P100;          加工 ② 图形
G24 Y0;            X、Y 轴镜像,镜像位置为(0,0)
M98 P100;          加工 ③ 图形
G25 X0;            X 轴镜像继续有效,取消 Y 轴镜像
M98 P100;          加工 ④ 图形
G25 Y0;            取消镜像
M30
%100;              子程序(图形①的加工程序):
G41 G00 X10 Y4 D01
G43Z－98 H01
G01Z－7 F300
Y26
X10
G03 X10 Y－10 I10 J0
G01 Y－10
X－25
G49 G00 Z105
G40 X－5 Y－10
M99
```

2. 缩放功能(G50、G51 指令)

格式：　G51 X_Y_Z_P_

　　　　M98 P_

　　　　G5 0

说明：　G51:建立缩放；

G50:取消缩放：

X、Y、Z:缩放中心的坐标值：

P：　缩放倍数。

注意:G51 既可指定平面缩放,也可指定空间缩放。

在 G51 后,运动指令的坐标值以(X、Y、Z)为缩放中心,按 P 规定的缩放比例进行计算。在有刀具补偿的情况下,先进行缩放,然后才进行刀具半径补偿、刀具长度补偿。

G5 1、G5 0 为模态指令,可相互注销,G50 为缺省值。

【例 3-16】　使用缩放功能编制如图 3-43 所示轮廓的加工程序:已知三角形 ABC 的顶点为 A(10,30),B(90,30),C(50,110),三角形 A′B′C′是缩放后的图形,其中缩放中心 D(50,50),缩放系数为 0.5 倍,设刀具起点距工件上表面 50mm。

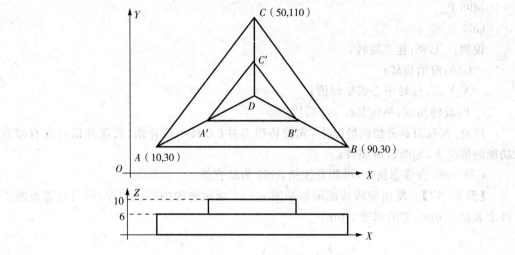

图 3 - 43　比例缩放加工

%0051 主程序

G92 X0 Y0 Z60

G91 G17 M03 S600 F300

G43 G00 X50 Y50 Z3 H01

#1= - 16

M98 P100 加工三角形 ABC

#1= - 10

G51X50 Y50 P0.5 缩放中心(50，50)，缩放系数 0.5

M98 P100 加工三角形 A′B′C′

G50 取消缩放

G49 246

M05 M30

%100 子程序(三角形 ABC 的加工程序)：

G91 G42 G00 X - 44 Y - 20 D01

G01 Z[#1]

G01 X84 F200

X - 40 Y80

X - 44 Y - 88

Z[#1]

G40 G00 X44 Y28

M99

3. 旋转变换(G68，G69 指令)

　　格式：G17 G68 X_ Y_ P_

　　G18 G68 X_ Z_ P_

　　G19 G68 Y_ Z_ P_

M98 P_

G69

说明： G68：建立旋转；

G69：取消旋转；

X、Y、Z：旋转中心的坐标值；

P：旋转角度，单位是(°)，0≤P≤360°

注意：在有刀具补偿的情况下，先旋转后刀补（刀具半径补偿、长度补偿）；在有缩放功能的情况下，先缩放后旋转。

G68、G69为模态指令，可相互注销，G69为缺省值。

【例3-17】 使用旋转功能编制如图3-44所示轮廓的加工程序：设刀具起点距工件上表面50mm，切削深度5mm。

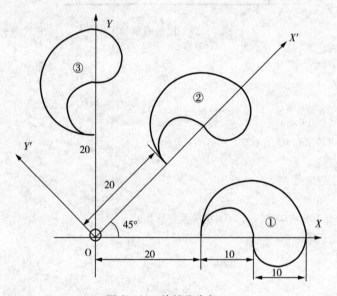

图3-44 旋转指令加工

%0060 ：主程序

G92 X0 Y0 250

G90 G17 M03 S600

G43 2-5 H02

M98 P200：加工 ① 图形

G68 X0 Y0 P45：旋转4 5°

M98 P200：加工②图形

G68 X0 Y0 P90：旋转90°

M98 P200：加工③图形

G49 Z50

G69 M05 M30 ：取消旋转

%200：子程序(①图形的加工程序)

G41 G01 X20 Y-5 D02 F300

Y0

G02 X40 I10

X30 I－5

G03 X20 I－5

G00 Y－6

G40 X0 Y0

M99

二、其他功能指令

1. 暂停指令（G04 指令）

格式：G04　P_

说明：P：暂停时间，单位为秒。

注意：G04 在前一程序段的进给速度降到零之后才开始暂停动作。在执行含 G04 指令的程序段时，先执行暂停功能。

G04 为非模态指令，仅在其被规定的程序段中有效。G04 可使刀具作短暂停留，以获得圆整而光滑的表面。如对不通孔作深度控制时，在刀具进到规定深度后，用暂停指令使刀具作非进给光整切削，然后退刀，保证孔底平整。

2. 准停检验（G09 指令）

格式：G09

说明：准停检验

注意：一个包括 G09 的程序段在继续执行下个程序段前，准确停止在本程序段的终点。该功能用于加工尖锐的棱角。

G09 为非模态指令，仅在其被规定的程序段中有效。

3. 段间过渡方式（G61，G64 指令）

格式：G61

G64

说明：G61：精确停止检验；

G64：连续切削方式。

注意：在 G61 后的各程序段编程轴都要准确停止在程序段的终点，然后再继续执行下一程序段。在 G64 之后的各程序段编程轴刚开始减速时（未到达所编程的终点）就开始执行下一程序段。但在定位指令（G00，G60）或有准停校验（G09）的程序段中，以及在不含运动指令的程序段中，进给速度仍减速到 0 才执行定位校验。

G61 方式的编程轮廓与实际轮廓相符。

G61 与 G09 的区别在于 G61 为模态指令。

G64 方式的编程轮廓与实际轮廓不同。其不同程度取决于 F 值的大小及两路径间的夹角，F 越大，其区别越大。

G61、G64 为模态指令，可相互注销，G64 为缺省值。

4. 虚轴指定 G07 及正弦线插补

格式:G07 X_Y_Z_A_

说明:X、Y、Z、A:被指令轴后跟数字 0,则该轴为虚轴,后跟数字 1,则该轴为轴。

注意:G07 为虚轴指定和取消指令,G07 为模态指令。

若一轴为虚轴,则此轴只参加计算,不运动。虚轴仅对自动操作有效,对手动操作无效。

用 G07 可进行正弦曲线插补,即在螺旋线插补前,将参加圆弧插补的某一轴指定为虚轴,则螺旋线插补变为正弦线插补。

【例 3 - 18】 使用 G03 对图 3 - 45 所示的正弦线编程。

程序:…
G90 G00 X - 50 Y0 Z0
G91 G07 X0
G03 X0 Y0 I0 J50 Z60 F800
…

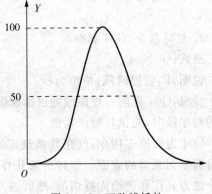

图 3 - 45　正弦线插补

三、回参考点控制指令

1. 自动返回参考点 G28

格式:G28 X_Y_Z_A_

说明:X、Y、Z、A:回参考点时经过的中间点(非参考点),在 G90 时为中间点在工件坐标系中的坐标:在 G91 时为中间点相对于起点的位移量。

注意:G28 指令首先使所有的编程轴都快速定位到中间点,然后再从中间点返回到参考点。

一般地,G28 指令用于刀具自动更换或者消除机械误差,在执行该指令之前应取消刀具半径补偿和刀具长度补偿。在 G28 的程序段中不仅产生坐标轴移动指令,而且记忆了中间点坐标值,以供 G29 使用。电源接通后,在没有手动返回参考点的状态下,指定 G28 时,从中间点自动返回参考点,与手动返回参考点相同。这时从中间点到参考点的方向就是机床参数"回参考点方向"设定的方向。

G28 指令仅在其被规定的程序段中有效。

2. 自动从参考点返回 G29

格式:G29X_Y_Z_A_

说明:X、Y、Z、A:返回的定位终点,在 G90 时为定位终点在工件坐标系中的坐标;在 G91 时为定位终点相对于 G28 中间点的位移量。

注意:G29 可使所有编程轴以快速进给经过由 G28 指令定义的中间点,然后再到达指定点。通常该指令紧跟在 G28 指令之后。

G29 指令仅在其被规定的程序段中有效。

【例3-19】 用G28、G29对图3-46所示的路径编程：要求由A经过中间点B并返回参考点，然后从参考点经由中间点B返回到C。

程序：……
G91 G28 X100 Y20
G29 X50 Y-40
……

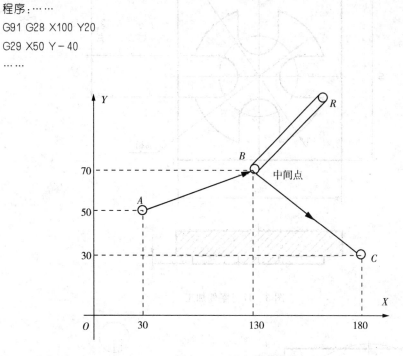

图3-46 回参考点编程

【相关实践】

加工如图所示3-44零件，并保证尺寸精度。

1. 选择毛坯

根据图样，选择毛坯80mm×80mm，板厚12mm，45钢，确定工艺方案及加工路线。

(1)以已加工过的底面为定位基准，用通用台虎钳夹紧工件前后两侧面，台虎钳固定于铣床工作台上。

(2)工步顺序：

a. 先铣削加工 ϕ65圆台，加工进给路线如图3-47所示。

b. 铣削圆弧槽，并使用旋转和镜像功能编程，加工进给路线如图3-48所示。

c. 选择机床设备

根据零件图样要求，选用经济型数控铣床即可达到要求。故选用华中 HNC-21M 系统的 XK714 型数控立式铣床。

2. 选择刀具

由于圆弧槽为 ϕ20mm，可使用 ϕ16mm 的平底铣刀。

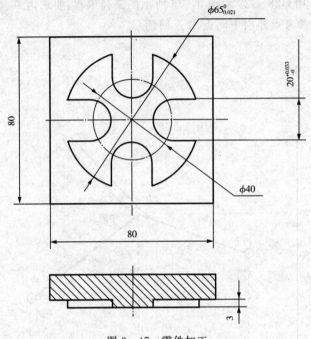

图 3 - 47　零件加工

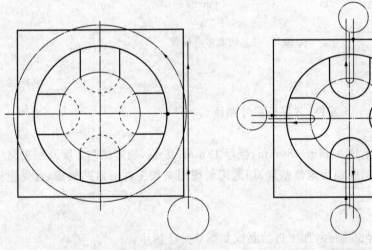

图 3 - 47　圆台加工路线

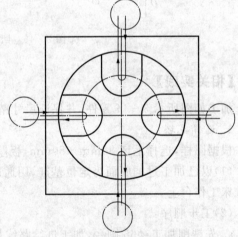

图 3 - 48　圆弧槽加工路线

3. 确定切削用量

切削用量的具体数值应根据该机床性能、相关的手册并结合实际经验确定,详见加工程序。

4. 确定工件坐标系和对刀点

(1)选择编程原点为工件中心。

(2)确定工件零点为毛坯料中心,Z 轴零点设定工件上表面,建立工件坐标系,如图 3 - 28所示。

(3)采用手动对刀方法对刀,并通过对刀设定零点偏置 G54。

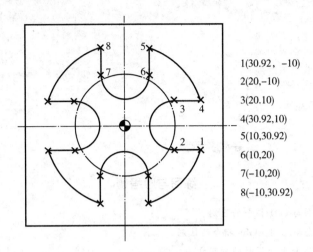

1(30.92，-10)

2(20,-10)

3(20.10)

4(30.92,10)

5(10,30.92)

6(10,20)

7(-10,20)

8(-10,30.92)

图 3-49 节点计算

6. 计算节点坐标，如图 3-49，并编写加工程序

%1000 主程序

G54 G17 G21 G40 G49 G90　　　通过设定这些 G 指令可保证程序的一致性

M03 S600　　　　　　　　　　　主轴正转

G00 ZI00　　　　　　　　　　　刀具移至原点上方 100 mm 处

G42 X32.5 Y-55 D0I　　　　　进行半径补偿

G43 Z5 H01　　　　　　　　　　刀具移至原点上方 5 mm 处，并进行长度补偿

G01 Z-3 F200　　　　　　　　　下刀

X32.5 Y0　　　　　　　　　　　切削加工圆台

G03 I-32.5

G01 Y55；

G49 G00 Z100　　　　　　　　　刀具移至原点上方 100 mm 处，并取消长度补偿

G40 X0 Y0　　　　　　　　　　　取消刀具半径补偿

M98 P1001　　　　　　　　　　　调用子程序

G24 X0　　　　　　　　　　　　Y 轴镜像

M98 P1001　　　　　　　　　　　调用子程序加工左面槽

G25 X0　　　　　　　　　　　　取消镜像

G68 X0 Y0 P90　　　　　　　　　逆时针旋转 90°

M98 P1001　　　　　　　　　　　调用子程序加工上面槽

G69　　　　　　　　　　　　　　取消旋转

G68 X0 Y0 P-90　　　　　　　　顺时针旋转 90°

M98 P1001　　　　　　　　　　　调用子程序加工下面槽

G69 M05　　　　　　　　　　　　取消旋转

G00 Z100　　　　　　　　　　　提刀

M30　　　　　　　　　　　　　　程序结束

%1001　　　　　　　　　　　　　右面槽加工子程序

G42 X50 Y-10 D01

G43 Z3 H01

G01 Z－3 F200

X30.92 Y－10

X20 Y－10

G02 X20 Y10 RlO

G01 X50

G49 G00 Z5

G40 X0 Y0

M99　　　　　　　　　　子程序返回

练习与思考题

1. 简述 G00 指令与 G01 指令的区别。

2. 简述 G92 指令与 G54~G59 指令的区别。

3. 简述 G02,G03 指令使用时的判断方法。

4. 数控铣床加工指令中,刀具半径补偿有什么作用? 写出指令。

5. 编程指令分为哪几种功能? 简述每种功能指令的作用。

6. 数控铣床标准固定循环指令的作用是什么? 请举例说明。

7. 简述铣床标准固定循环指令 G73 与 G83 的区别。

8. 简述铣床标准固定循环指令 G76 与 G86 的区别。

9. 简述铣床标准固定循环指令 G74 与 G84 指令在使用时的注意事项。

10. 子程序调用过程中需要注意事项?

11. 哪种情况适合于调用子程序加工?

12. 坐标变换编程指令有哪几种? 分别应用于什么加工场合?

13. 编写图 3-50 所示零件的加工程序,并在机床上进行加工。

14. 编写图 3-51 所示零件的加工程序,并在机床上加工出来。

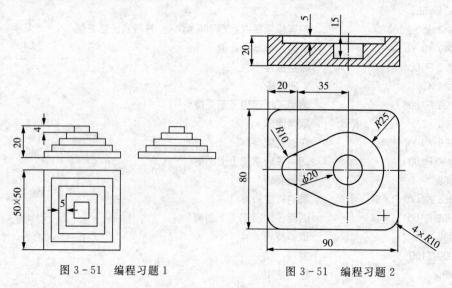

图 3-51　编程习题 1　　　　　　图 3-51　编程习题 2

15. 编写图 3-52 所示零件的加工程序,并在机床上加工出来。

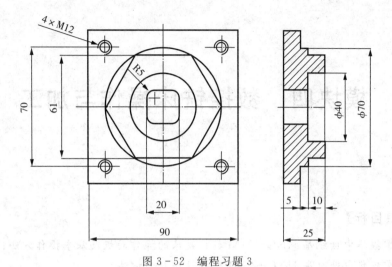

图 3-52　编程习题 3

16. 编写图 3-53 所示零件的加工程序,并在机床上加工出来。

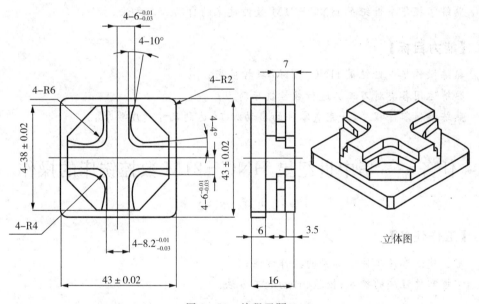

图 3-53　编程习题 4

模块四　数控铣床操作与加工

【知识目标】

熟练掌握华中世纪星 HNC－21M 数控铣床的操作面板及基本操作方法；

熟练掌握华中世纪星 HNC－21M 数控铣床对刀方法；

熟练掌握华中世纪星 HNC－21M 数控铣床的程序编辑方法；

熟练掌握华中世纪星 HNC－21M 数控铣床的自动加工方法。

【能力目标】

熟练操作华中世纪星 HNC－21M 数控铣床；

熟练运用各类对刀工具进行数控铣床对刀；

熟练编辑零件程序，并完成零件的自动加工，达到尺寸精度要求。

任务一　华中世纪星 HNC－21M 数控铣床的操作

【工作任务】

掌握建立零件工件坐标系的操作方法；

掌握零件程序的输入、校验、自动加工方法。

【相关知识】

一、华中 HNC－21M 世纪星数控系统控制面板和操作面板

1. 系统操作面板、控制面板

HNC－21M 世纪星铣床数控装置操作台为标准固定结构，如图 4－1 所示，其结构美观、体积小巧，外形尺寸为 $420 \times 310 \times 110$ mm $(W \times H \times D)$。

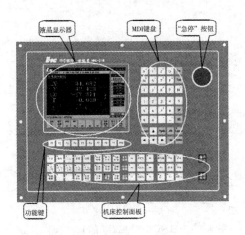

HNC—21M世纪星机床面板

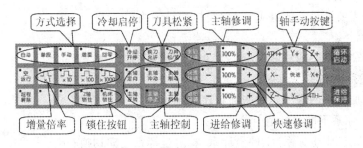

图4-1系统操作面板、控制面板

（1）显示器

操作台的左上部为10.4寸彩色液晶显示器（分辨率为640×480），用于汉字菜单、系统状态、故障报警的显示和加上轨迹的图形仿真。

（2）NC键盘

NC键盘包括精简型MDI键盘和F1～F10十个功能键，用于零件程序的编制、参数输入、MDI及系统管理操作等。

标准化的字母数字式MDI键盘的大部分键具有上档键功能，当"Upper"键有效时（指示灯亮），输入的是上档键。

（3）机床控制面板MCP

标准机床控制面板的按键用于直接控制机床的动作或加工过程。

（4）MPG手持单元

MPG手持单元由手摇脉冲发生器（手轮）、坐标轴选择开关组成，用于手摇方式增量进给坐标轴。MPG手持单元的结构如图4-2所示。

（5）软件操作界面

HNC—21/22M的软件操作界面如图4-3所示，主要

图4-2　手摇脉冲发生器

由如下几个部分组成。

图 4-3 HNC-21/22M 的软件操作界面

① 图形显示窗口

可以根据需要。用功能键 F9 设置窗口的显示内容。

② 菜单命令条

通过菜单命令条中的功能键 F1~F10 来完成系统功能的操作。

③ 运行程序索引

显示自动加工中的程序名和当前程序段行号。

④ 选定坐标系下的坐标值

坐标系可在机床坐标系/工件坐标系/相对坐标系之间切换；

显示值可在指令位置/实际位置/剩余进给/跟踪误差/负载电流/补偿值之间切换（负载电流强只对 HSV-11 型伺服有效）。

⑤ 工件坐标零点

显示工件坐标系零点在机床坐标系下的坐标。

⑥ 倍率修调

主轴修调：当前主轴修调倍率；

进给修调：当前进给修调倍率；

快速修调：当前快进修调倍率；

⑦ 辅助机能

显示自动加工时的 M、S、T 代码。

⑧ 当前加工程序行

当前正在或将要加工的程序段。

⑨ 当前加工方式、系统运行状态及当前时间

工作方式：系统工作方式根据机床控制面板上相应按键的状态可在自动（运行）/单段（运行）/手动（运行）/增量（运行）/回零/急停/复位等之间切换；

运行状态：系统工作状态存"运行正常"和"出错"间切换；

系统时钟：当前系统时间。

（6）软件菜单功能

操作界面中最重要的一块是菜单命令条。系统功能的操作主要通过菜单命令条中

的功能键 F1~F10 来完成。由于每个功能包括不同的操作,菜单采用层次结构,即在主菜单下选择一个菜单项后,数控装置会显示该功能下的子菜单,用户可根据该子菜单的内容选择所需的操作,如图 4-4 所示。

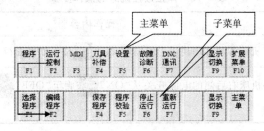

图 4-4 菜单层次

当要返回主菜单时,按下子菜单下的"返回"键(F10)即可。

二、华中世纪星数控铣床的启动和停止

1. 启动数控铣床

启动数控铣床的操作步骤见表 4-1

表 4-1 启动数控铣床的操作步骤

操作步骤	操作内容
检查	检查机床状态是否正常,电压是否符合要求,"急停"按钮 ⬤ 是否按下
开启机床电源	将机床右后侧的电源开关从"OFF" 旋至"ON"
接通 NC 电源	按下操作面板上的按钮 ,"电源"指示灯亮; 系统自检后,CRT 屏幕上出现画面,如图 4-5 所示; 将"急停"按钮旋转松开,系统将显示运行正常,并处于自动状态,此时可以对机床进行操作了

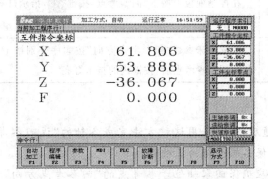

图 4-5 CRT 屏幕

2. 停止数控铣床

停止数控铣床的操作步骤见表4-2

表4-2　停止数控铣床的操作步骤

操作步骤	操作内容
关闭 NC 电源	将机床各轴移动到适当的位置,按下 ![按钮] 按下操作面板上的按钮 ![电源关]
关闭机床电源	将机床右后侧的电源开关从"ON" ![图] 旋至"OFF" ![图] ,指示灯灭,机床关闭

3. 超程解除

超程解除数控铣床的操作步骤见表4-3

表4-3　超程解除数控铣床的操作步骤

操作步骤	操作内容
选择工件方式	松开"急停"按钮,选择工作方式为"手动"或"手摇"方式
选择"超程解除"按钮	一直按压"超程解除"按键 ![图] (控制器会暂时忽略超程的紧急情况)
反向移动超程轴	在"手动"或"手摇"方式下,使该轴向相反方向退出超程状态
超程解除	松开"超程解除"按键。若显示屏上运行状态栏"运行正常"取代了"出错",表示恢复正常,可以继续操作

三、华中世纪星数控铣床的回参考点操作

华中世纪星数控铣床"回零"操作步骤见表4-4

表4-4　数控铣床的回零操作步骤

操作步骤	操作内容
选择"机床回零"方式	在控制面板上按下"回参考点"按键 ![图] ,指示灯亮,确保系统处于"回零"方式
X、Y、Z 轴回零	根据机床参数"回参考点方向"按顺序分别按下 ![−z]、![+x]、![+y]、![+的] 按钮,各轴回到参考点后,按键内的指示灯亮

注意:

①在每次电源接通后,必须先用这种方法完成各轴的"返回参考点"操作,然后再进入其他运行方式,以确保各轴坐标的正确性;

②在回参考点前,应确保回零轴位于参考点的"回参考点方向"相反侧;否则应手动移动该轴,直到满足此条件。

四、华中世纪星数控铣床的手动操作

1. 手动连续进给

华中世纪星数控铣床手动连续进给的步骤见表4-5

表4-5　手动连续进给的步骤

操作步骤	操作内容
选择"手动"方式	在控制面板上按下"手动"按键，系统处于"手动"方式，在"手动"方式下，移动机床坐标轴(如：X、Y、Z、4TH各轴)(下面以手动移动X轴为例说明)
X轴、Y轴、Z轴、4TH轴移动	按 或 按键，指示灯亮，X轴将产生正向或负向连续移动，松开按键，指示灯灭，X轴即减速停止。用同样的操作方法使用 、 、 、 、 按键，可以使Y轴、Z轴、4TH轴产生"正向"或"负向"连续移动
手动快速移动	在手动进给时，若同时按下"快进"按键 ，指示灯亮，则产生"正向"或"负向"快速运动
手动进给速度选择	按压"进给修调"或"快速修调"右侧的 ，指示灯亮，进给或快速修调倍率被置为【100%】，按下 ，修调倍率递增【10%】，按下 ，修调倍率递减【10%】，从而可以使各轴的手动的进给速度变快或变慢

2. 手轮进给

在手动、连续加工或对刀时，如果需要精确调节主轴位置，则可以用"手轮"方式调节。

华中世纪星数控铣床手轮进给的步骤见表4-6

表4-6　手轮进给的步骤

操作步骤	操作内容
选择"手轮"方式	在控制面板上按下"增量"按键 键，指示灯亮，系统处于"手摇进给"方式
选择轴	将手轮上轴的选择旋钮 旋至【Z】档，将控制Z轴移动；同理，将轴的选择旋钮旋至【X】、【Y】、【4TH】档，将分别控制X、Y、4TH各轴移动
选择增量值	调节旋钮 ，选择【×1】、【×10】或【×100】；
控制轴移动	旋转手轮，使轴移动

注意：

①顺时针/逆时针旋转手摇脉冲发生器一格，各轴将向正向或负向移动一个增量值；

② 手轮进给的增量值(即每转一格的移动量)由手轮的增量倍率波段开关【×1】、【×

10】、【×100】控制。

增量值	×1	×10	×100
值(mm)	0.001	0.01	0.1

3. 手动机床控制

华中世纪星数控铣床手动机床控制的步骤见表4-7。

表4-7 手动机床控制的步骤

操作步骤	操作内容
主轴制动	在"手动"方式下,主轴停止状态,按下"主轴制动"按键 ⚟,指示灯亮,主电机被锁定在当前位置
主轴启停	在"手动"方式下,当"主轴制动"无效时,指示灯灭; ①按下"主轴正转"按键 ⚟,指示灯亮,主电机以机床参数设定的转速正转; ②按下"主轴反转"按键 ⚟,指示灯亮,主电机以机床参数设定的转速反转; ③按下"主轴停止"按键 ⚟,指示灯亮,主轴停止运转

五、华中世纪星数控铣床的 MDI 运行

1. 手动数据输入(MDI)运行

华中世纪星数控铣床的手动数据输入(MDI)运行的操作步骤见表4-8。

表4-8 手动数据输入(MDI)运行的操作步骤

操作步骤	操作内容
输入 MDI 指令段	在主操作界面下,按下"MDI"功能对应功能键 F3 进入"MDI"功能子菜单。在命令行中输入指令段,例如:要输入"G00 X100 Y100"可以直接在命令行中输入"G00 X100 Y100"并按 Enter 键,如图4-6所示。当然也可以单个指令输入,例如:先输入"G00",并按 Enter 键,然后依次输入进去
运行 MDI 指令段	在输入完一个 MDI 指令段后,选择"自动"或"单段",再按一下操作面板上的"循环启动"键 ⚟,系统运行所输入的 MDI 指令
修改字符及数值	在运行 MDI 指令段前,如果要修改已经输入的某一指令字,可以直接在命令行上输入相应的指令字符及数值来覆盖前值
清除前输入的所有尺寸字数据	在输入 MDI 数据后,按下"MDI 清除"功能对应功能键 F6,可清除当前输入的所有尺寸字数据,显示窗口内 X、Y、Z、I、J、K、R 等字符后面的数据全部消失。此时可重新输入新的数据
停止当前正在运行的 MDI 指令	在系统正在运行 MDI 指令时,按下"MDI 停止"功能对应功能键 F1,可停止 MDI 运行

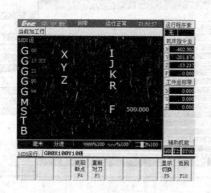

图 4 - 6　MDI 操作界面

六、华中世纪星数控铣床的加工程序编辑和管理

1. 选择加工程序

华中世纪星数控铣床选择加工程序的步骤见表 4 - 9。

表 4 - 9　选择加工程序的步骤

操作步骤	操作内容
进入程序功能子菜单	在系统主操作界面下，按下"程序"功能对应功能键 [F1] 进入程序功能子菜单，如图 4 - 7 所示
进入程序选择界面	在程序功能子菜单下，按下"选择程序"功能对应功能键 [F1]，将显示如图 4 - 8 所示的"选择程序"菜单
选择程序	在当前界面下，按压 ◀、▶ 选中当前存储器（如：电子盘、DNC、软驱、网络），按压 ▲、▼ 选择列表中的某一个程序文件，按下 [Enter] 键，即可将该程序文件选中并调入加工缓冲区

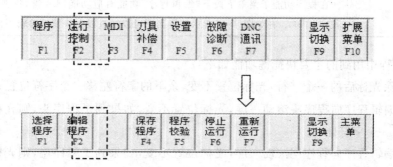

图 4 - 7　"程序选择"操作

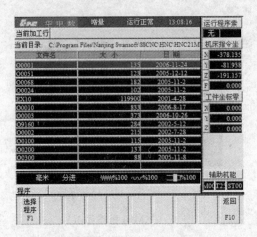

图 4-8　程序列表

2. 删除程序

华中世纪星数控铣床删除程序的步骤见表 4-10

表 4-10　删除程序的步骤

操作步骤	操作内容
进入程序选择菜单	按上一步操作方法进入"程序选择"界面
选择并确认删除程序	通过按压◀、▶选中列表中所需要删除的程序，按下"Del"按键，系统提示"您要删除当前文件吗？Y/N?（Y）"，按√键，将选中程序文件从当前存储器上删除，按√键，则取消删除操作

3. 编辑程序

华中世纪星数控铣床编辑程序的步骤见表 4-11

表 4-11　编辑程序的步骤

操作步骤	操作内容
进入编辑功能	在程序功能子菜单下按下"编辑程序"功能对应功能键 F2 键，将弹出"编辑程序"菜单。在如图 4-9 所示的界面下可以通过以下快捷键编辑当前程序

编辑过程中用到的主要快捷键功能如下：

Del：删除光标后的一个字符，光标位置不变，余下的字符左移一个字符位置；

PgUp：使编辑程序向程序头滚动一屏，光标位置不变，如果到了程序头，则光标移到文件首行的第一个字符处；

PgDn：使编辑程序向程序尾滚动一屏，光标位置不变，如果到了程序尾，则光标移到文件末行的第一个字符处；

BS：删除光标前的一个字符，光标向前移动一个字符位置，余下的字符左移一个字符位置；

◀：使光标左移一个字符位置；

▶:使光标右移一个字符位置；

▲:使光标向上移一行；

▼:使光标向下移一行。

Alt + Upper + Y^B:定义块首 　　　Alt + X^A:剪切

Alt + F^Q:查找 　　　Alt + Upper + S^H:光标移到文件首

Alt + K^W:查看上一条提示信息 　　　Alt + Upper + G^E:定义块尾

Alt + Upper + Z^C:拷贝 　　　Alt + Upper + :替换

Alt + :光标移到文件尾 　　　Alt + Upper + :删除

Alt + Upper + :粘贴 　　　Alt + Upper + P^L:继续查找

Alt + F8:行删除 　　　Alt + N^O:查看下一条提示信息

注意:

对于 G 代码的编辑,如查找、定位文件头、定位文件尾等,系统扩展菜单的帮助信息提供了相应的快捷键操作方法。

图 4-9 编辑程序

4. 创建新程序

华中世纪星数控铣床创建新程序的步骤见表 4-12

表 4-12 创建新程序的步骤

操作步骤	操作内容
进入"编辑程序"子菜单	在系统主操作界面下,按下"编辑程序"功能对应功能键 F2 进入"编辑程序"功能子菜单;如图 4-11 所示
新建程序	在"编辑程序"功能子菜单下,按下"新建程序"功能对应功能键 F3,系统提示"输入新建文件名",光标在"输入新建文件名"栏闪烁,如:"O0001",输入文件名后,按 Enter 键确认后,就可编辑新建文件

注意：

①在指定磁盘或目录下建立一个新文件，但新文件不能和已存在的文件同名；

②HNC－21M 系统的程序文件名系统缺省认为是由字母"O"开头，后跟四个（或多个）数字或字母组成；

③HNC－21M 系统扩展了标识程序文件的方法，也可以使用任意 DOS 文件名（即 8＋3 文件名：1l 至 8 个字母或数字后加点，再加 O 至 3 个字母或数字组成，如"MvPart. OO r"、"O l 234"等）标识程序文件；

④在 HNC－21M 系统的程序文件中编辑的加工程序，程序名须为"％"开头，后跟四个（或少于四个）数字组成，如"％12"、"％1234"。；

5. 保存程序

华中世纪星数控铣床保存程序的步骤表 4－13

表 4－13 保存程序的步骤

操作步骤	操作内容
保存程序	在"编辑"状态下或在程序功能子菜单下按下 "保存程序"功能对应功能键 F4 ，系统给出提示保存的文件名。按 Enter 键，将以提示的文件名保存当前程序文件。

注意：

如果将提示文件改为其他名字后，系统可将当前编辑程序另存为其他文件，另存文件的前提是更改新文件不能和已存在文件同名。

图 4－11 "保存程序"功能键

6. 程序校验

华中世纪星数控铣床程序校验的步骤见表 4－14

表 4－14 程序校验的步骤

操作步骤	操作内容
调入校验程序	按照"选择程序"方法调入加工程序
选择"程序运行"方式	按机床控制面板上的 键或 键，指示灯亮，进入"程序运行"方式
选择"程序校验"功能	在程序菜单下按下"程序校验"功能对应功能键 F5 键，操作界面的工作方式显示改为"自动校验"状态
运行所需程序	在机床控制面板按"循环启动"键 ，指示灯亮，程序校验开始
确认或修改加工程序	若程序正确，校验完成后，光标将返回到程序头，且操作界面的工作方式显示改为"自动"或"单段"；若程序有错，命令行将提示程序的哪一行有错，修改后可继续校验，直到程序正确为止

7. 停止运行

在程序运行的过程中,根据加工情况,有时需要暂停运行程序。

华中世纪星数控铣床停止运行的步骤见表 4 - 15

表 4 - 15　停止运行的步骤

操作步骤	操作内容
选择"停止运行"功能	在程序运行的过程中,在系统主操作界面下,按下"程序"功能对应功能键 F1 进入程序子菜单,在程序子菜单,按下"停止运行"功能对应功能键 F6 如图 4 - 12 所示
选择并确认停止运行程序	系统提示"已暂停加工,你是否要取消当前运行程序 Y/N? (Y)",按 √ 键则停止程序运行,并卸载当前运行程序的模态信息(停止运行后,只有选择程序后头重新启动运行),按 N 键则停止程序运行,并保留当前运行程序的模态信息(暂停运行后,可按"循环启动"键从暂停处重新启动运行)

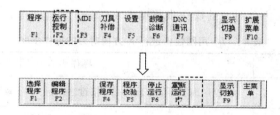

图 4 - 12　"停止运行"操作

8. 重新运行

在当前加工程序中止自动运行后,希望从程序头重新开始运行。

华中世纪星数控铣床重新运行的步骤见表 4 - 16

表 4 - 16　重新运行的步骤

操作步骤	操作内容
选择"重新运行"功能	在程序运行的过程中,在系统主操作界面下,按下 F1 进入程序子菜单,在程序子菜单,按下 F7 如图 4 - 12 所示
选择并确认重新运行程序	系统提示"是否重新开始执行 Y/N? (Y)",按 √ 键则光标将返回到程序头,再按机床控制面板上的"循环启动"按键,从程序首行开始重新运行当前加工程序;按 N 键则取消重新运行

七、华中世纪星数控铣床的工件原点偏置量设定

1. 数控铣床的对刀操作

数控加工程序一般按工件坐标系编程,对刀就是建立工件坐标系与机床坐标系之间的关系。一般数控铣床、数控铣床常使用刚性棒、寻边器、试切法对刀,如图4-13所示为寻边器。试切法用于工件加工余量大,且对刀面需要加工的场合。

a) 偏心式寻边器　　　　　　　　b) 光电式寻边器

图 4-13　寻边器

下面介绍将工件上表面中心点设为工件坐标系原点的对刀方法,同样,将工件上其他点设为工件坐标系原点的对刀方法也类似。

(1)用刚性棒对刀

① X 方向对刀

用刚性棒进行 X 方向对刀的操作步骤见表 4-17。

表 4-17　用刚性棒进行 X 方向对刀的操作步骤

操作步骤	操作内容
选择"手动"方式	在控制面板下,按下"手动"按键 手动 ,进入"手动"方式
显示位置屏幕	通过多次按压功能键 P0 ,直至显示位置屏幕
使刀具沿 X 方向接近工件	在控制面板上可以通过 、 键调整进给倍率的大小;在控制面板上的按键 +x 、 -x ,选择移动方向;将机床移动到如图 4-14 a)所示位置,此时,刀具与工件之间大约有 1.5~2mm 的距离,使用 1mm 塞尺检查刚性棒与工件间的距离
选择"手轮"方式	在控制面板下,按下 "增量"按键 增量 ,进入"手摇"方式
使刀具沿 X 方向刚好靠近塞尺	通过"轴的选择"旋钮 旋至【X】和手轮上的"倍率选择"旋钮 旋至【×1】,移动刚性棒,使得塞尺检查时,刚好通过刚性棒与工件间的间隙,又略有阻力,如图 4-14 b)所示
计算工件上表面中心 X 方向的坐标	记下塞尺检查合适时的 CRT 屏幕显示的 X 轴的机床坐标值,此位置为基准刀具中心的 X 坐标,记为 X_1;数据记录后,抬起 Z 轴,将机床移动到工件另一侧,用同样的方法得到 X_2;工件上表面中心 X 的坐标值为 $(X_1+X_2)/2$

注意:

通常使用的塞尺有 0.05mm、0.1mm、0.2mm、1 mm、2mm、3mm、100mm(量块)等,可以根据需要使用。

② Y 方向对刀。

用与 X 方向对刀同样的方法,得到工件上表面中心 Y 方向的坐标,记为 Y。

③ Z 方向对刀。

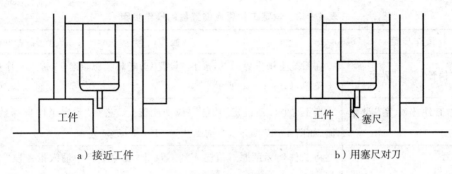

a）接近工件   b）用塞尺对刀

图 4-14 X 轴方向对刀

用刚性棒进行 Z 方向对刀的操作步骤见表 4-18。

表 4-18 用刚性棒进行 Z 方向对刀的操作步骤

操作步骤	操作内容
将 Z 轴提起	完成 X、Y 方向对刀后,在操作面板上选择 ，使刀轴沿＋Z 轴移动
将刚性棒移至工件的中心处	分别选择 X、Y 轴,使刚性棒移动到工件的中心处
将刚性棒沿−Z,轴移至工件表面	在控制面板上按下"增量"按键 ，指示灯亮,系统处于"手摇"方式,将手轮上轴的选择旋钮 旋至【Z】档,旋转手轮使刚性棒沿"−Z"轴移动 在将要接近工件表面时,将倍率开关调至适当的倍率,贴近工件时将塞尺放至工件表面,当在塞尺刚性棒与工件之间的松紧程度适当时,记下其坐标值 Z_1,如图 4-15 所示,坐标尺寸 $Z=Z_1$−塞尺厚度

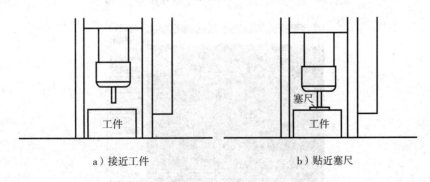

a）接近工件   b）贴近塞尺

图 4-15 Z 向对刀

④ 华中世纪星型数控铣床的工件原点偏置量设定。

设定工件原点偏置量就是将对刀得到的 X、Y、Z 值输入到机床工件坐标系存储器地址中。

例:假设通过对刀得到了工件坐标系原点在机床坐标系的坐标值为($X-450,Y-240,$

$Z-220$），现在要将（$X-450$，$Y-240$，$Z-220$）输入到 G54 中，操作步骤见表 4-19。

表 4-19 设定工件原点偏置量的操作步骤

操作步骤	操作内容
进入"偏置/设置"界面	在系统主操作界面下，按下"设置"功能对应功能键 F5，进入程序功能子菜单，如图 4-16 所示
进入"工件坐标系"设定界面	按下"坐标系设定"功能对应功能键 F1，进入"设定工件坐标系"界面，如图 4-17 所示，当前默认为"G54 坐标系"处
输入数值	将工件坐标系原点值输入到 G54 中，在命令行中输入指令段"X-450 Y-240 Z-220"按 Enter 键，如图 4-17 所示

（2）用偏心式寻边器对刀

寻边器由固定端和测量端两部分组成。固定端由刀具夹头夹持在机床主轴上，中心线与主轴轴线重合。在测量时，主轴以 400n/min 旋转。

偏心式寻边器用于 XY 方向的对刀，不能进行 Z 向对刀。偏心式寻边器进行 X 方向对刀的操作步骤，见表 4-20。

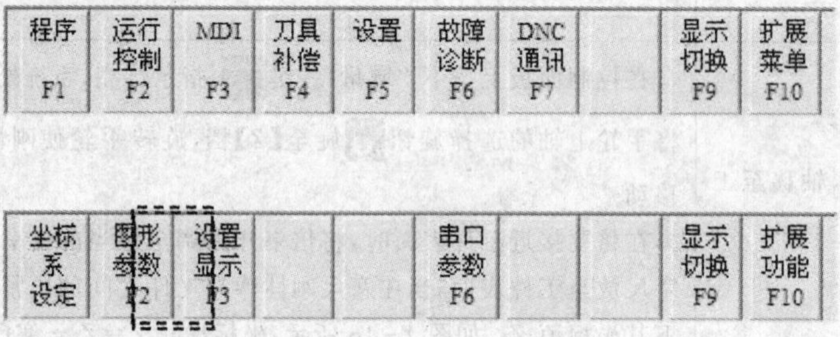

程序 F1	运行控制 F2	MDI F3	刀具补偿 F4	设置 F5	故障诊断 F6	DNC通讯 F7		显示切换 F9	扩展菜单 F10

坐标系设定	图形参数 F2	设置显示 F3			串口参数 F6		显示切换 F9	扩展功能 F10

图 4-16 坐标系设定操作

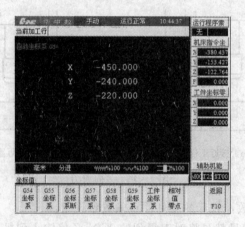

图 4-17 设定工件坐标系

表 4-20 用偏心式寻边器进行 *X* 方向对刀的操作步骤

操作步骤	操作内容
选择"手动"方式	在控制面板下,按下"手动"按键，进入"手动"方式
显示"位置"屏幕	通过多次按压功能键，直至显示"位置"屏幕
使刀具沿 X 方向接近工件	在控制面板上选择"X"正、负方向,将机床沿 X 方向移动到接近工件的位置
使主轴正转	在"MDI"方式下,设置合理的主轴转速(一般为 $300 \sim 400$ n/min),在控制面板上按下"主轴正转"按键
控制寻边器测量端与工件恰好接触	在控制面板上,按下"增量"按键键,进入"手摇"方式; 将机床向"X"方向移动,当寻边器靠近工件时,寻边器测量端晃动幅度逐渐减小,直至固定端与测量端的中心线重合,如图 4-18a 所示。若此时再继续进给时,则寻边器的测量端突然大幅度偏移,如图 4-18b)所示
计算工件上表面中心 *X* 方向的坐标	记下塞尺检查合适时的 CRT 屏幕显示的 *X* 坐标值,此位置为基准刀具中心的 *X* 坐标,记为 X_1;数据记录后,抬起 *Z* 轴,将机床移动到工件另一侧,用同样的方法得到 X_2;工件上表面中心 *X* 的坐标值为 $(X_1+X_2)/2$

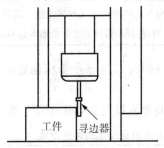

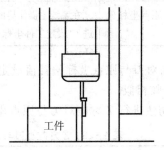

a) 固定端与测量端的中心线重合　　　　b) 测量端突然在幅度偏移

图 4-18 用寻边器找正

(3)试切法对刀

首先要选择好所需刀具,并将刀具安装好,然后进行对刀。

① *X* 向对刀与原点坐标偏置值设定。

用试切法进行 *X* 方向对刀与原点坐标偏置值设定的操作步骤见表 4-21。

表 4-21 X 方向对刀与原点坐标偏置值设定的操作步骤

操作步骤	操作内容
选择"手动"方式	在控制面板下,按下"手动"按键 手动,进入"手动"方式
进入"位置"界面	通过多次按压功能键 PO,直至显示"位置"界面
使刀具沿 X 方向接近工件	在控制面板上选择 X 正、负方向,将机床沿 X 方向移动到接近工件的位置
使主轴转动	在"MDI"方式下设置合理的主轴转速(一般为 $300\sim400n/min$),在控制面板上按下"主轴正转"按键 主轴正转
选择"手轮"方式	在控制面板下,按下"增量"按键 增量,进入"手摇"方式
控制刀具试切工件的左侧	通过"轴的选择"旋钮 旋至【X】档和手轮上的"倍率"旋钮 旋至【×1】档,旋转手轮使刀具刚好接触工件的左侧
控制刀具沿 Z 轴方向抬刀	在系统处于"手摇"方式,将手轮上"轴的选择"旋钮 旋至【Z】档,旋转手轮,将刀具沿 Z 轴方向离开工件表面
使 X 相对坐标为"0.000"	在系统主操作界面下,按下"设置"功能对应功能键 F5,进入"设置"子菜单,在该界面下按"X 轴清零"键可对 X 轴清零,系统坐标系改为相对坐标系,相应"X 轴"坐标值变为 0
控制刀具试切工件的右侧	按上述步骤 移动刀具试切工件的右侧,接着使用 Z 轴抬刀,主轴停止,得到机床此时 X 方向的相对坐标值 A
使 X 轴移到 A/2 处	将手轮上"轴的选择"旋钮 旋至【X】档,旋转手轮,将机床轴移动到 X 坐标 A/2 处
设定 X 方向的原点坐标偏置值	在系统主操作界面下,按下功能键 F5 进入程序功能子菜单,按下功能键 F1 进入"设定工件坐标系"界面,将现在机床的坐标值输入到 G54"X"位置中

② Y 方向对刀与原点坐标偏置值设定 Y 方向对刀与原点坐标偏置值设定的方法与 X 方向对刀步骤相似。

③ 用试切法进行 Z 方向对刀与原点坐标偏置值设定的操作步骤见表 4-22。

表 4-22 Z 方向对刀与原点坐标偏置设定的操作步骤

操作步骤	操作内容
使主轴转动	在控制面板上按下"主轴正转"按键 主轴正转 键,使主轴正转
控制刀具刚好接触到工件的上表面	在控制面板下,按下"增量"按键 增量,进入"手摇"方式,将"轴的选择"旋钮 旋至【Z】档,旋转手轮使刀具沿-Z 轴移动。即将接近工件表面时(注意不能切到工件表面),将"倍率"开关调至适当的倍率,当刀具刚好切削到工件时,立即停止 Z 方向进给
设定 Z 方向的原点坐标偏置值	在系统主操作界面下,按下"设置"功能对应功能键 F5,进入程序功能子菜单,按下"坐标系设定"功能对应功能键 F1,进入"设定工件坐标系"界面,将现在机床的坐标值输入到 G54 "Z"位置中

通过该方法对刀后,该刀具在编程时不需要进行刀具长度值补偿,工件坐标系为工件上表面的中心点。

注意:

① 根据加工要求使用正确的对刀工具,控制对刀误差;

② 在对刀过程中,可通过改变微调进给量来提高对刀精度;

③ 对刀时需小心谨慎操作,尤其要注意移动方向,避免发生碰撞危险;

④ 对刀数据一定要存入与程序对应的存储地址,防止因调用错误而产生严重后果。

八、华中世纪星数控铣床的刀具参数及确定刀具补偿值

1. 设定和显示刀具偏置值

刀具长度偏置值和刀具半径补偿值分别由程序中的 H 和 D 代码指定。H 和 D 代码的值可以在 CRT 屏幕上进行设定,其具体操作步骤见表 4-23。

表 4-23 设定和显示刀具偏置的操作步骤

操作步骤	操作内容
显示偏置/设置屏幕	在主菜单按下按下"刀具补偿"功能对应功能键 F4,在子菜单下按下"刀具表"功能对应功能键 F2,进行刀具长度补偿和半径补偿的设置,图形显示窗口将出现刀具补偿数据,如图 4-19 所示
选择相应刀具补偿号	可以通过 ◄、►、▲、▼、PgUp、PgDn 键移动蓝色亮条,选择要编辑的选项
输入补偿值	按 Enter 键,蓝色亮条所指刀库数据的颜色和背景都发生变化,同时有一光标在闪烁,通过数字键输入相关的参数

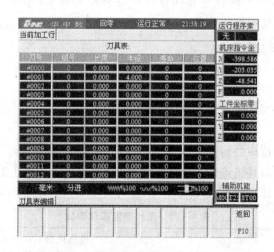

图 4-19 刀具表

2. 刀具长度测量

通过移动基准刀具和将要测量的刀具,使其接触到工件 E 或者机床上的指定点,可

以测量刀具长度并将刀具长度的偏置值存储到补偿存储器中,具体操作步骤见表4-24。

表4-24 刀具长度测量的操作步骤

操作步骤	操作内容
移动基准刀具,使其与机床上(或工件上)的一指定点接触	在控制面板下,按下"增量"按键,进入"手摇"方式,将手轮"轴的选择"旋钮旋至【Z】档,旋转手轮使刀具沿−Z轴移动。将要接近工件表面时,将倍率开关调至适当的倍率,当刀具刚好切削到工件时,立即停止Z方向进给 
使Z相对坐标为"0.000"	在系统主操作界面下,按下"设置"功能对应功能键,进入"设置"子菜单,在该界面下按"Z轴清零"键可对Z轴清零操作,系统坐标系改为相对坐标系,相应"Z轴"坐标值变为0
显示"刀具补偿"界面	在主菜单按下按下"刀具补偿"功能对应功能键,在子菜单下按下"刀具表"功能对应功能键,进行刀具长度补偿和半径补偿的设置,图形显示窗口将出现刀具补偿数据,如图5-24所示
设置其他刀具的长度偏置值	更换需要测量的刀具通过手动操作移动要进行测量的刀具,使其与同一指定位置接触;CRT屏幕上"相对坐标系"中,将显示基准刀具和进行测量的刀具长度的差值通过光标键,将光标移动到目标刀具的补偿号码上按Enter键,通过数字键输入当前相对坐标系Z坐标值

注意:
① 在输入刀具数据时,可用◄、►、▲、▼、PgUp、PgDn移动蓝色亮条,选择要编辑的选项;
② 按Enter键,蓝色亮条所指刀具数据的颜色和背景都发生变化,同时有一光标在闪烁;用◄、►、BS、Del键进行编辑修改;
③ 修改完毕,按Enter键确认;
④ 若输入正确,图形显示窗口相应位置将显示修改过的值,否则保持原值不变。

九、华中世纪星数控铣床的图形模拟加工

华中世纪星数控铣床的图形模拟主要包括如下选项,如图4-20所示为"图形显示"界面。可以模拟当前刀具轨迹的三维图形和在XY/YZ/XZ平面上的投影图形。
图形模拟加工操作步骤见表4-25。

表4-25 图形模拟操作步骤

操作步骤	操作内容
进入"图形显示"界面	在当前加工程序下通过多次按键,直至进入"图形显示"界面
选择显示视图	在"图形显示"方式下分别按1、2、3、·键变换视角

注意:

按 [1] 显示三维图形,按 [2] 显示主视图,按 [3] 显示正视图,按 [4] 显示侧视图。

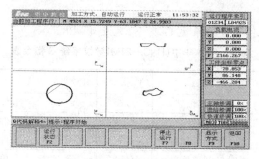

图 4-20 "图形显示"界面

十、华中世纪星数控铣床的自动加工

1. 自动运行

华中世纪星数控加工自动运行的操作步骤见表 4-26。

表 4-26　自动运行的步骤

操作步骤	操作内容
调入加工程序	调入加工程序,经校验无误后,可正式启动运行
选择"自动"运行方式	在机床控制面板上按 键,指示灯亮,系统处于"自动运行"方式
自动运行程序	在机床控制面板按"循环启动"键 ,指示灯亮,机床开始自动运行调入的加工程序

2. 单段运行

华中世纪星数控加工单段运行的操作步骤见表 4-27。

表 4-27　单段运行的步骤

操作步骤	操作内容
选择"单段运行"方式	在机床控制面板上按下"单段"按键 键,系统处于"单段运行"方式指示灯亮,程序控制将逐段执行
运行一个程序段	在机床控制面板上按下"循环启动"按键 ,运行一个程序段,机床运动轴减速停止,刀具、主轴电机停止运行
继续执行程序	再按下"循环启动"按键 ,又执行下一程序段,执行完了后又再次停止

【相关实践】

(1)在华中 HNC-21M 数控铣床上建立工件坐标系的实践;

(2)在华中 HNC-21M 数控铣床上编辑、修改、校验程序的实践;

（3）在华中 HNC—21M 数控铣床上完成零件的自动加工的实践。

【拓展知识】

1. 华中（HNC—21M）数控系统 G 指令，见表 4 – 28。

表 4 – 28　华中（HNC—21M）数控系统 G 指令表

G 指令	组号	功能	G 指令	组号	功能
G00	01	快速定位	G57	11	工件坐标系设定
G01		直线插补	G58		工件坐标系设定
G02		顺时针圆弧插补	G59	00	工件坐标系设定
G03		逆时针圆弧插补	G60		单方向定位
G04	00	暂停	G61	12	精确停止校验方式
G07	16	虚轴指定	G64		连续方式
G09	00	准停校验	G65	00	宏指令调用
G17	02	XY 平面选择	G68	05	坐标旋转
G18		XZ 平面选择	G69		旋转取消
G19		YZ 平面选择	G73	06	深孔断屑钻孔循环
G20	08	英制尺寸	G74		攻左旋螺纹循环
G21		米制尺寸	G76		精镗孔循环
G22		脉冲当量	G80	13	取消固定循环
G24	03	镜像开	G81		点孔/钻孔循环
G25		镜像关	G82		钻孔循环
G28	00	返回到参考点	G83		深孔排屑钻孔循环
G29		由参考点返回	G84	00	攻右旋螺纹循环
G40	09	取消刀具半径补偿	G85		镗孔循环
G41		引入刀具半径左补偿	G86		镗孔循环
G42		引入刀具半径右补偿	G87		反镗孔循环
G43	10	刀具长度正向补偿	G88		镗孔循环
G44		刀具长度负向补偿	G89		镗孔循环
G49		取消刀具长度补偿	G90		绝对值编程
G50	04	比例缩放关	G91		相对值编程
G51		比例缩放开	G92		工件坐标系设定
G53	00	机床坐标系	G94	14	每分钟进给
G54		工件坐标系设定	G95		每转进给
G55		工件坐标系设定	G98	15	固定循环返回初始平面
G56		工件坐标系设定	G99		固定循环返回 R 平面

2. 华中世纪星 HNC—21M 数控装置 M 指令功能见表 4-29

表 4-29　华中 (HNC—21M) 系统加工中心辅助功能 M 指令代码

M 指令	分类	功能	M 指令	分类	功能
M00	非模态	程序暂停	M09	模态	切削液关
M02	非模态	程序结束	M21	非模态	刀库正转（顺时针旋转）
M03	模态	主轴正转（顺时针旋转）	M22	非模态	刀库反转（逆时针旋转）
M04	模态	主轴反转（逆时针旋转）	M30	非模态	程序结束并返回起始行
M05	模态	主轴停止	M41	非模态	刀库向前
M06	非模态	换刀	M98	非模态	调用子程序
M07/M08	模态	切削液开	M99	非模态	子程序结束返回主程序

练习与思考题

1. 简述数控铣床回参考点操作的步骤。

2. 简述数控铣床上对刀的步骤。如何验证对刀的正确性？

3. 数控铣床编程加工过程中，如何运行指定程序段。

4. 简述在数控铣床上校验程序的步骤。

5. 简述正确的开关机步骤。

模块五　数控铣削自动编程

【知识目标】

在学习完手工编程知识的基础上,利用计算机专业软件根据零件图样的要求来创建产品三维造型、编制数控加工程序。

【能力目标】

能将专业软件自动生成的加工程序通过直接通信方式导入到机床;

能操作机床加工出符合图样要求的零件;

能解决现场遇到的一般数控编程技术问题。

任务一　UG 软件介绍及应用

【学习目标】

能根据零件图样创建三维造型;

具有制定和实施中等复杂程度零件数控工艺规划的能力;

具有正确选用切削用量和常用刀具的能力;

具有设置安全距离,刀具路径规划、刀位文件生成、刀具轨迹仿真及 NC 代码生成的能力。

【工作任务】

加工如图 5-1 所示零件,a 为零件图,b 为零件实体,c 为零件毛坯,材料为 45# 钢。以底面为基准安装在机床工作台上,工件上表面中心为加工坐标系原点,创建平面铣加工。

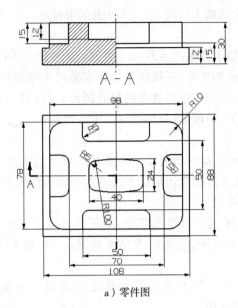

a）零件图

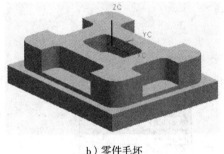

b）零件毛坯

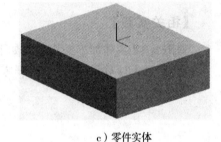

c）零件实体

图 5-1　平面铣操作

【相关知识】

1. 自动编程概念

它是利用计算机专用软件来编制数控加工程序。编程人员只需根据零件图样的要求，使用数控语言，由计算机自动地进行数值计算及后置处理，编写出零件加工程序单，加工程序通过直接通信的方式导入到数控机床，指挥机床工作。自动编程使得一些计算繁琐、手工编程困难或无法编出的程序能够顺利地完成。

2. 手工编程概念

手工编程指主要由人工来完成数控编程中各个阶段的工作。一般对几何形状不太复杂的零件，所需的加工程序不长，计算比较简单，常用手工编程。

3. UG 软件介绍

Unigraphis（简称 UG）是 SIEMENS 公司（原美国 UGS 公司）开发的集 CAD/CAE/CAM 于一体的三维参数化软件，是当今世界最先进的计算机辅助设计、分析和制造软件。UG 是 NX 系列的最新版本，其功能覆盖产品的整个开发过程，是产品生命周期管理

的完整解决方案。作为 UG 的加工模块,其 CAM 有如下特点:

(1)强大的加工功能

UG CAM 提供了以铣加工为主的多种加工方法,包括 2-5 轴铣削加工、2-4 轴车削加工、电火花线切割和点位加工等;还提供了一个完整的车削解决方案,可以用于检测程序;可以跟踪多主轴、多转塔应用中最复杂的集合图形;可以对二维零件剖面或全实体模型进行粗加工、多程精加工、切槽、螺纹切削以及中心线钻孔。

(2)刀具轨迹编辑功能

UG CAM 提供的刀具轨迹编辑器可用于观察刀具的运动轨迹,并提供延伸、缩短或修改刀具轨迹的功能。能够通过控制图形的和文本的信息去编辑刀轨。

(3)三维加工动态仿真功能

UG/Verify 是 UG CAM 的三维仿真模块,利用它可以交互地仿真检验和显示 NC 刀具轨迹,它是一个无需利用机床、低成本、高效率的测试 NC 加工应用的方法。

(4)后置处理功能

UG/Postprocessing 是 UG CAM 的后置处理模块,包括一个通用的后置处理器,使能够方便地建立定制的后置处理。

【相关实践】

如图 5-1 零件加工操作步骤如下。

(1)启动 UG 软件,创建或打开零件模型,如图 5-2 所示。

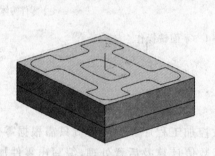

图 5-2　零件模型图图　　　　图 5-3　加工环境初始化

(2)进入"制造"模块:单击下拉菜单【起始】/【加工】选项,进入"制造"模块。

(3)设置加工环境:进入制造模块后,系统弹出"加工环境"对话框,按如图 5-3 所示进行选择,单击 初始化 按钮。

(4)创建铣削几何:单击按钮 ,弹出"操作导航器",单击右键选择"几何视图"单击"+"展开下级菜单,如图 5-4 所示,双击"WORKPIECE",弹出"工件"对话框,如图 5-5 所示。选择图标 ,单击 选择 按钮,弹出"工件几何体"对话框,选择如图 5-1b 所示零件为部件,单击 确定 按钮,选择图标 ,单击 选择 按钮,弹出"毛坯几何体"对话框,选择如图 5-1c 所示零件为毛坯,单击 确定 按钮,返回"工件"对话框,单击 确定 按钮,完成创建。

图5-4 创建几何体　　　图5-5 选择毛坯几何体　　　图5-6 "平面铣操作"对话框

(5)建立平面铣操作:单击按钮 ，进入"创建操作"对话框,按如图5-6所示进行设置,进行平面铣加工操作,单击 确定 按钮,进入"平面铣加工操作"对话框。

(6)建立刀具:单击"组"选项卡,如图5-7a所示,选择"刀具"单选项。单击 选择 按钮,弹出"选择刀具"对话框,如图5-7b所示。单击 新建 按钮,进入"新的刀具"对话框,如图5-7c所示,进行选择,并输入名称"D10",单击 确定 按钮。进入铣刀参数设置对话框,如图5-7d所示,并进行参数设置,单击 确定 按钮。

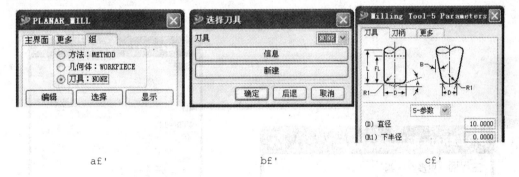

af'　　　　　　　　　　　bf'　　　　　　　　　　　cf'

图5-7 刀具创建过程

(7)选取部件几何图形:选择"主界面"选项卡,选择图标 ，单击 选择 按钮,进入"边界几何体"对话框,"模式"选择为"曲线/边"。进入"创建边界"对话框,按如图5-8所示进行设置。

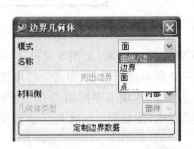 

图5-8 创建边界参数设置

建完一个边界后可以单击 创建下一个边界 按钮，将"材料侧"改为"外部"或"内部"继续创建另外一个边界，如果选择错误边界边缘单击 移除上一个成员 按钮，可以先移除错误边界线然后在重新选择。边界选择过各如图5-9所示。选择完成后单击 确定 按钮完成边界设置。

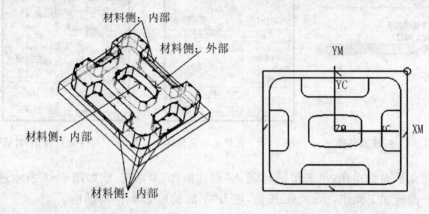

图5-9　边界几何体选择　　　　　图5-10　毛坯几何体选择

(8)选取毛坯几何图形：选择图标，单击 选择 按钮，进入"边界几何体"对话框，"模式"选择为"曲线/边"。进入"创建边界"对话框，按如图5-8所示进行设置，选择毛坯的上表面，单击 确定 按钮。返回到"边界几何体"对话框，单击 确定 按钮完成边界设置，如图5-10所示。

图5-11　平面铣操作主界面　　　　图5-12　底平面选择

(9)设置底平面：在"主界面"对话框中选择图标，如图5-11所示，单击 选择 按钮，进入"平面构造器"对话框，按如图5-12所示进行设置，单击 确定 按钮，完成设置。

(10)选择切削方式及切削用量：在"主界面"选项卡中按如图5-13所示进行设置。

(11)设置进/退刀方式：单击 自动 按钮，按如图5-14所示进行设置，单击 确定 按钮完成。

图 5-13　设置切削方式及切削用量　图 5-14　自动进刀/退刀参数设置

（12）设置切削参数：单击[切削]按钮，按如图 5-15 所示进行设置，单击[确定]按钮完成。

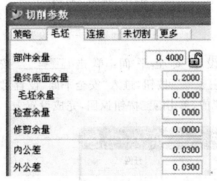

图 5-15　设置切削参数

（13）设置切削深度：单击[切削深度]按钮，进行如图 5-16 所示设置，单击[确定]按钮完成。

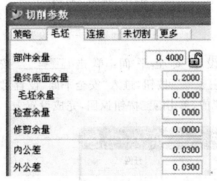

图 5-16　设置切削深度参数

（14）设置进给参数：单击 [_进给率_] 按钮，进行如图 5 - 17 所示设置，单击 [确定] 按钮完成。

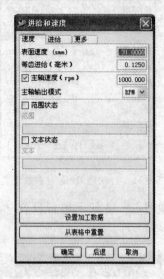

图 5 - 17　设置进给和速度参数

（15）设置安全平面：单击 [_避让_] 按钮，进入"避让"参数设置，单击 [_Clearance Plane -无_] 按钮，进入"安全平面"设置对话框，单击 [确定] 按钮，按如图 5 - 18 所示输入"偏置"值，单击 [确定] 按钮返回，完成设置。

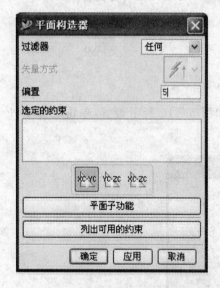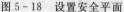

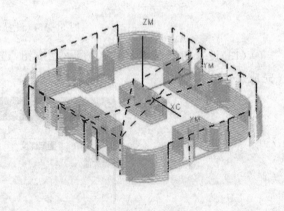

图 5 - 18　设置安全平面　　　　　图 5 - 19　刀具轨迹

（16）生成刀具轨迹：在"PLANAR MILL"对话框中单击图标 ⊯，计算生成刀具轨迹，如图 5 - 19 所示。

（17）进行模拟加工：在"平面铣操作"对话框中单击 按钮，弹出"可视化刀具轨迹"

对话框,选择"2D动态",单击按钮▶,完成模拟加工,如图5-20所示,观察加工过程是否合理,如果存在问题,再进一步修改参数。

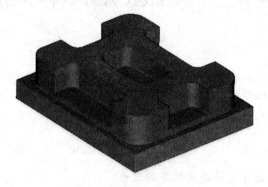

图5-20　模拟加工结果

(18)后处理:在操作导航器中选择需进行后处理的刀具路径,单击按钮🖳,弹出"后处理"对话框,对所用机床、文件存储位置、单位等内容进行设置,如图5-21所示,单击〔确定〕按钮,生成数控加工NC程序,如图5-22所示。

图5-21　后置处理操作步骤

图5-22　后置处理生成数控加工NC程序

任务二 MasterCAM 软件介绍

【学习目标】

了解 Mastercam 软件的功能及应用；

了解 Mastercam 软件的界面风格。

【工作任务】

了解 Mastercam 软件的功能及其界面风格。

【相关知识】

1. Mastercam 软件简介

Mastercam 软件是美国 CNCSoftware，INC 开发的集设计与制造于一体的 CAD/CAM 系统，是最经济、最有效率的全方位的软件系统。其强大、稳定而快速的功能，不论是在设计绘图或是 CNC 铣床、CNC 车床和 CNC 线切割等加工制造中，都能获得最佳的效果。其 CAM 部分又包括铣削（Mill）模块、车削（Lathe）模块、雕刻（Art）模块和线切割（Wire）模块。每种模块都有其各自的加工对象和特点。

Mstercam Mill（铣削）是专为数控铣床和加工中心（CNC）而开发的铣床加工模块。其强大的铣床加工处理引擎，能够让数控编程员针对各种复杂曲面和实体模型顺畅产生加工的刀具路径，并能直接产生驱动 CNC 机床的通用 G 代码程序，用以控制 CNC 机床的自动加工。

Mstercam Mill 拥有多重曲面的粗精加工、自动清根及去除残料、2—5 轴的联动加工等多种加工方式，可以将 CNC 机床的功能淋漓尽致地发挥出来。Mstercam Mill 还内置了 HSM（high-speed machining）高速机械加工模块，紧跟现代机械加工技术发展的潮流。

2. Mastercam 界面介绍

安装 Mastercam 软件后，在 Window 系统平台的桌面上双击 Master X 图标或依次选择【开始】/【所有程序】/ Mastercam X / Mastercam X 命令，进入 Mastercam 欢迎界面，如图 5 - 23 所示系统进入 Mastercam X 欢迎界面后，需要等待软件初始化，然后进入 Mastercam X 的显示界面，如图 5 - 24 所示

图 5 - 23 Mastercam 的欢迎界面

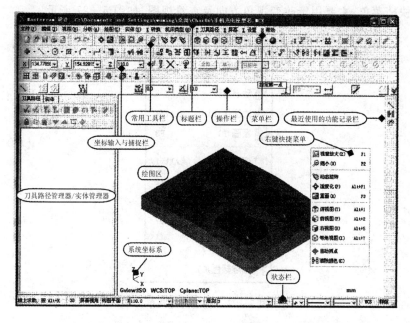

图 5-24　Mastercam X 系统的显示界面

标题栏：Mastercam X 系统显示界面的顶部是"标题栏"，它显示了软件的名称、当前所使用的模块、当前打开文件的路径及文件名称。

菜单栏：通过选择菜单栏的功能完成图形设计等各项操作。内容包括【文件】、【编辑】、【试图】、【分析】、【绘图】、【实体】、【转换】、【机床类型】、【刀具路径】、【屏幕】、【设置】和【帮助】12 大部分。

常用工具栏：它是将菜单栏中的使用命令以图标的方式来表达，方便用户快捷选取所需要的命令。

坐标输入捕捉栏：它主要输入坐标值及绘图捕捉的功能，如图 5-25 所示。

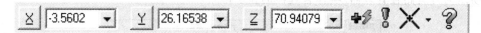

图 5-25　坐标输入与捕捉栏

操作栏：操作栏的显示内容根据所选命令的不同而不同，它用于子命令选择、选项设置及人机对话的主要区域，在未选择任何命令时操作栏处于屏蔽状态，而选择命令后将显示该命令的所有选项，并作出相应的提示，如图 5-26 所示。

图 5-26　操作栏

最近使用的功能记录栏：显示界面的右侧是操作命令记录栏，用户在操作过程中最近所使用过的 10 个命令逐一记录在此操作栏中，这样一来当用户再次使用该命令时可以直接从操作命令栏中选择，提高选择命令的效率。记录栏默认为竖直的。

右键快捷菜单：主要用于改变视角方向及查看视图，如图 5-27 所示。

🔍 视窗放大(Z)	F1
🔍 缩小(U)	F2
📦 动态旋转	
✛ 适度化(F)	Alt+F1
🖼 重画(R)	F3
📦 俯视图(T)	Alt+1
📦 前视图(F)	Alt+2
📦 右视图(R)	Alt+5
📦 等角视图(I)	Alt+7
✛ 自动抓点	
📊 清除颜色(C)	

图 5-27　右键快捷菜单

绘图区：在工作界面中最大的区域，是显示模型及设计师设计的场所。

系统坐标系：显示当前系统的坐标系。

状态栏：它显示了当前所设置的颜色、点类型、线型、线宽、层别及 Z 深度等的状态，选择状态栏中的选项可以进行相应的状态设置。

刀具路径管理器/实体管理器：Mastercam X 系统将刀具路径管理器和实体管理器集中在一起，并显示在主界面上，充分体现了新版本对加工操作和实体设计的高度重视，事实上两者也是整个系统的核心所在。刀具路径管理器能对已经产生的刀具参数进行修改，如重新选择刀具大小及形式、修改主轴转速及进给率等，而实体管理器能修改实体尺寸、属性及重排实体建构顺序等，这在实体设计广泛应用的今天显得尤为重要，图 5-28 所示为刀具路径管理器/实体管理器的显示形式。

图 5-28　刀具路径管理器/实体管理器

练习与思考题

创建如图 5-29 所示零件造型并生成加工程序：

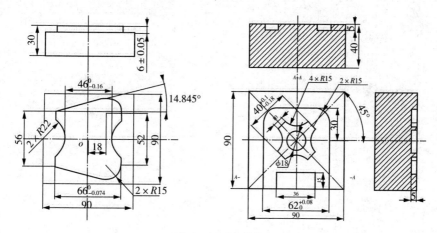

图 5-29　零件图

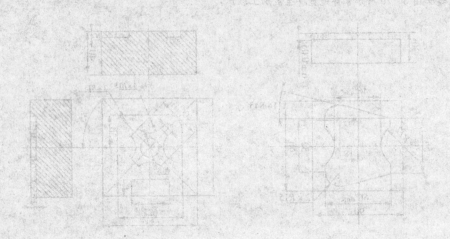